U0677138

高等职业教育 **烹饪工艺与营养** 专业教材

厨房管理

主　编　王　东　许　磊
副主编　田　雨　李　芳　何诗洁　郦　悦
　　　　陈雨丝
参　编　王　瑶　赵莹莹　郭　娟　曾兴林
　　　　陆丹丹　王玉陶　高　艳　梁轶媛
　　　　刘斯琪　崔震昆

重庆大学出版社

内容提要

本书主要介绍厨房管理概述、厨房人力资源及其技术管理、厨房的设计与布局、餐饮原料管理、厨房生产流程管理、厨房产品品质管理、厨房卫生管理、厨房安全管理等内容。本书的编写以知识性、应用性、发展性为原则，吸收了国内先进知识和理论，行文力求系统规范，注重知识的准确性和科学性。本书为职业院校烹饪及餐饮相关专业厨房管理课程的必备教材，也可作为各类烹饪培训班、烹饪教师和烹饪工作者的参考用书。

图书在版编目（CIP）数据

厨房管理 / 王东，许磊主编. -- 重庆：重庆大学
出版社，2025.5. --（高等职业教育烹饪工艺与营养专
业教材）. -- ISBN 978-7-5689-4820-3

Ⅰ. TS972.3

中国国家版本馆CIP数据核字第20253BN928号

高等职业教育烹饪工艺与营养专业教材

厨房管理

主　编　王　东　许　磊
策划编辑：沈　静

责任编辑：李桂英　　版式设计：沈　静
责任校对：关德强　　责任印制：张　策

*

重庆大学出版社出版发行
出版人：陈晓阳
社址：重庆市沙坪坝区大学城西路21号
邮编：401331
电话：(023) 88617190　88617185（中小学）
传真：(023) 88617186　88617166
网址：http://www.cqup.com.cn
邮箱：fxk@cqup.com.cn（营销中心）
全国新华书店经销
重庆正文印务有限公司印刷

*

开本：787 mm×1092 mm　1/16　印张：10.5　字数：257千
2025年5月第1版　　2025年5月第1次印刷
印数：1—2 000
ISBN 978-7-5689-4820-3　定价：49.00元

前 言

　　为了全面、准确地在教材中落实党的二十大精神，充分发挥教材的铸魂育人功能，为培养德智体美劳全面发展的社会主义建设者和接班人奠定坚实基础，也为"深入实施人才强国战略""培养造就大批德才兼备的高素质人才""努力培养造就更多大国工匠、高技能人才"，本书践行"三全育人"的理念，落实立德树人根本任务，守正创新，强化素养，将为党育人、为国育才的思想贯穿技术技能人才培养全过程。

　　"厨房管理"是餐饮智能管理专业的一门核心课程。本书由8个单元组成，每个单元都设有知识目标、能力目标、素质目标、引导案例、课后练习等栏目。在内容上，着重对厨房管理工作作了较为详细的概述，从理论和实践的层面，以厨房管理的视角，审视厨房的实际管理需要，运用现代的管理理念和方法作了详细的叙述。书中引述的案例多为企业的现实素材，内容翔实，观点新颖，应用性强，对现代厨房管理具有实际的指导意义。

　　本书有以下特点。

　　1. 针对性强。针对餐饮部后厨管理的现状和存在的问题。

　　2. 实用性强。结合现代厨房管理的实际需要，强化职业素质和能力。

　　3. 可读性强。图文并茂，穿插案例于章节之中。

　　本书由常州旅游商贸高等职业技术学校王东和江苏旅游职业学院许磊担任主编；江苏旅游职业学院田雨、李芳，成都银杏酒店管理学院何诗洁，浙江商业职业技术学院郦悦，江苏省如皋第一中等专业学校陈雨丝担任副主编；江苏旅游职业学院王瑶、赵莹莹、郭娟、曾兴林、陆丹丹，浙江旅游职业学院王玉陶，澄江市职业高级中学高艳，湖北轻工职业技术学院梁轶嫒、刘斯琪，河南科技学院崔震昆等担任参编。具体编写分工如下：王东、许磊负责编写大纲、样章；田雨负责统稿；李芳负责编写单元1；何诗洁负责编写单元2；郦悦负责编写单元3；陆丹丹负责编写单元4；陈雨丝负责编写单元5；王玉陶负责编写单元6；崔震昆、高艳负责编写单元7；梁轶嫒、刘斯琪负责编写单元8；王瑶、赵莹莹、郭娟、曾兴林负责教材校对及配套资源。在编写过程中，编写团队走访了江苏、四川、广东、浙江、河南等地知名餐饮企业、烹饪大师，他们为本书的编写提出了宝贵意见。

　　由于编者水平有限，书中不妥之处在所难免，敬请兄弟院校各位同行、读者批评斧正。

主　编

2025年1月

目 录

单元6　厨房产品品质管理

单元7　厨房卫生管理

单元8　厨房安全管理

单元1

厨房管理概述

【知识目标】

1.掌握厨房管理的基本概念。

2.了解厨房各部门的职能及组织结构。

3.了解厨房生产运作特点。

【能力目标】

1.能在平时工作时养成良好卫生习惯。

2.能对厨房各工作区域的卫生质量进行管理。

【素质目标】

1.培养学生对烹饪事业的热爱，以及责任心和团队合作精神。

2.培养学生刻苦学习、钻研专业知识和技能的态度，以及改革创新的意识。

　　随着科学技术和生产力的发展，现代厨房生产已从传统的制作模式中走出来，厨房产品的设计也逐步形成了一套完整的产品控制体系。现代厨房管理是一项系统工程，把握厨房管理的地位、管理者的角色以及运作中的科学性将是从事厨房管理的前提。通过本单元的学习，可以比较全面地了解现代厨房生产的特点、任务以及有效管理的要求，传统的模糊生产必将被标准化、规范化的现代厨房生产所取代，并逐步向简易化和营养化方向演进，这是新时代烹饪生产与技术进步的体现。

任务1　厨房管理的概念

【引导案例】

　　2008年北京奥运会，作为配套服务重要组成部分的奥运餐饮，其实就是一个规模巨大的派对。运动员的餐饮供应有其全球化的严格标准，一切服从于竞技目标。北京烤鸭、水饺、炒饭成为北京奥运会的招牌美食，全天候供应运动员。据介绍，烤鸭之所以能够入选，不仅仅是由于它的影响力，很重要的一点是它的标准化。如使用电动设备，就可以实现自动化生产。饺子和炒饭在烹制过程中可以工艺化和标准化，也可以批量地生产。不仅如此，这些食品还可以改良。一家著名的烤鸭店就把招牌的烤鸭改良成"不卷葱、不加酱，连饼皮都像饺子皮大小"。另外，由于欧美人的口味有所不同，调味上以微辣、微甜、微咸为主，一切都可以根据各国运动员的饮食喜好而作调整。

　　点评：现代厨房产品的生产已突破传统模糊化生产操作，正向标准化、规范化方向快速发展。

1.1.1　厨房管理的含义

　　厨房，是烹饪工作人员作业的地方，是从事菜肴、点心等食物产品加工、生产、制作的场所，是餐饮企业、宾馆、饭店唯一由原料进入，经过厨房工作人员的技术处理、艺术加工，进而通过餐厅向客人提供色、香、味、形等感官性状达到一定要求的产品的部门。在餐馆、宾馆当中，厨房的组织运作，其实更像工厂制造业的生产：进入的是原料，输出的是形态、质感均发生了变化的成品（图1-1）。

图1-1　标准化厨房

厨房管理是指厨房管理者行使管理的各项职能，对厨房的资源（人员、原料、设备、资金、程序、能源等）进行合理的组织，最终高效率地实现企业经营目标的过程。真正有效的厨房管理，必然是使厨房运行合理化和高效化。合理化是指合理组织厨房中的人力、物力、财力，明确每个员工的职责，安排好需要进行的各项生产和操作。高效化是指通过合理地配备和组织人员来提高劳动生产率，努力达成饭店最终的社会效益和经济效益。前者是手段，后者是目标，只有将两者做到高度的统一，才能实现饭店有效管理的既定目标。

厨房是生产、加工食品的场所。在计划经济时代，经营者更多地将重点集中在菜肴、点心的制作上，强调个体操作者的技能和水平，而缺少对厨房资源的合理组织和安排。在选择厨房的负责人时，大多以技能和名气的高低作为重要参考，忽视管理者的理论知识和协调能力。多数餐饮企业员工间是以"师与徒"的关系来维系的，一旦管理不善，就容易造成厨房"帮派争斗"，加之管理者缺少对底层员工的尊重，使员工工作效率低下，士气低落。尽管注重名菜、名点的开发和推广使许多名店、老店相继声名显赫，取得了很大的社会效益，但随着市场经济时代的到来，部分老店落后的管理模式不能给饭店带来更多的经济效益，纷纷退出历史的舞台。取而代之的是一些具有现代化管理模式的酒店、饭店及社会餐饮企业。它们之所以能够抢占餐饮市场，除了使用先进的管理方法，强调以人为本的管理理念也是关键。

在实践中，我们常常可以看到同样一种管理模式的厨房，会出现截然不同的管理效果。对此，许多人疑惑不解。如果只从表面上看，诸如厨房的规模、设备、生产的产品、制定的制度等都看不出有什么不同之处，但从深层次剖析就会发现，诸如员工的思想、情感、士气、作风及领导风格等内在因素均有所不同。为此，企业的经营一定要具备21世纪现代厨房管理的思想。

①由务实性管理趋向于虚实结合管理。厨房已经制定的制度、纪律、组织结构、生产程序等管理固然重要，但厨房员工的士气、员工素质、团队精神、领导作用等方面的管理更加重要。

②由以物为中心趋向于以人为中心，再趋向于系统管理。餐饮行业是一种劳动密集型的行业，较之其他行业，厨房中对人的管理更为重要。

③由以生产管理为重点趋向于以经营管理为重点，再趋向于以资本管理、知识管理、信息管理为重点。满足需求、创造需求，一切使顾客满意，已成为厨房管理的重点。现代厨房中单靠几个菜点打天下的日子一去不复返了，餐饮产品需要"吆喝"，需要整合营销，需要带有更多的附加值，去满足顾客的消费需求。

1.1.2 厨房管理的职能

厨房管理的基本职能主要包括计划、组织、协调、指挥、控制和评估。

1）计划

计划是设立目的和目标，制订实施方案和工作步骤的管理活动。目的和目标指明管理工作需要做什么，实施方案则明确如何去做。计划应该在厨房管理活动开始之初完成。

无论处于什么职位，或在何种职能的厨房里工作，每个管理者都必须制订工作计划。

在最高管理层中，由总厨师长组织编制长期计划，以拓展长远目标和促进目标实现的发展战略。在中间管理层，由厨师长或分点厨师长编制（或协助编制）经营管理计划，以完成短期目标。在较低的管理层中，由厨房基层管理人员、技术骨干制订日常经营管理计划、程序等。

无论一个餐饮机构是多单位组成的连锁集团，还是一个独立的企业，计划的制订必须从高层开始。只有当高层管理者确立了明确的行动方向，机构各层级的管理者才能够制订出符合机构长期发展目标的计划。

制订有效的计划既需要有信息资源，又需要以下相关机动因素。

（1）信息

必须占有有效制订计划的完整信息。

（2）沟通

制订计划时，各级管理人员要互相沟通。例如，总厨师长在参与编制经营预算时，应先从加工厨师长和配菜大厨那里了解原料及其使用信息。只要有可能，管理人员在制订计划时应该与员工沟通，这将使员工得到激励，员工会更愿意执行由他们参与制订的计划。这样的计划称为"员工的计划"，而不是"管理者的计划"。

（3）灵活性

计划应该具有灵活性。厨房管理人员应该知道，在事实证明计划需要修改时，应对计划作相应调整。比如美食节推广促销计划，如果受突变的气候或原料货源的影响，无法按计划如期进行，厨房管理人员就应对计划及时进行修订，或推迟进行，或变换主题。

（4）实施

计划必须实施才会有效。有些花费大量时间和口舌形成的一项计划，但却从未实施过或仅实施了部分内容，不仅浪费了有效的资源，而且让那些参与计划制订的员工也感到失望。

厨房管理人员不应该事到临头才做计划。厨房各级管理人员都应该留出一定的时间去建立目标，并制订实现目标的计划，进而根据需要调整计划。如果没有经营运作计划，厨房管理就会陷入重重危机；大小厨师长将会变成消防队员，解决连续不断的意外问题，整天陷入矛盾之中。这种状况通过制订有效的计划是可以避免的。

2）组织

组织要在管理活动中回答"如何对有限的人力资源进行最优配置和利用，以实现组织的目标"的问题，组织就是要在人群中建立权力流程和沟通体系。

各个厨房应该注意，要保证每一个员工只有一个直接领导，如果一个员工有两个上司，在他接到两个相互矛盾的指令时，就会产生混乱。

必须慎重确定每个管理人员应该管辖的员工数量。每个管理人员所管辖的合理的员工数量取决于多种因素，包括管理人员本身的工作经验、工作的复杂程度、需要管理的员工总数、问题可能发生的频率、管理人员期望上级给予的支持程度以及其他多种因素。最重要的是管理人员所管辖的员工数量不能超出其控制能力。

厨房所有层级的管理人员都应该拥有资源的决策权。一个厨房管理人员仅有做事的责任，而没有相应的权力，这是有副作用的。对职责范围内必须完成的日常工作，管理人员应无须得到上级的批准。

组织机构的发展变化应贯穿于企业的整个生命周期。许多厨房已有的组织结构图不能反映当前的运作管理程序，如一组织结构图中显示刀工厨师的管理人员是加工厨师长，而在实际工作中，案板头砧承担了管理该厨师的责任，这样的组织结构图就应该更新调整，以便确切反映当前厨房人力资源的组织状况。

用人是厨房组织管理活动的重要内容之一。用人的目标是将具有厨房岗位素质的员工吸引到厨房中来。求职申请表、筛选测试、个人资料审核及其他审查手段都是招募计划、挑选程序的组成部分。然而，选择的余地常常极少，一旦有人辞职，下一个人就会立即被录用。

将求职申请人合理地安排到空缺的岗位是十分重要的。要做到这一点，厨房各工作职位必须规定所承担的任务。工作说明书或岗位职责列出了每个岗位人员需要完成的任务，这便于将求职申请人配备到相应的职位上。岗位职责的任职条件列出了有效完成岗位工作所需要的个人素质和必备的个人条件，不应忽视。

通常情况下，招聘职位的申请人越多，筛选人员的工作也越复杂，但近年来餐饮企业招聘合格厨师（甚至打荷等助工）有愈来愈困难的趋势。因此，应该鼓励大量人员前来应聘求职，这样发现适合岗位人员的机会才会适当增加。

确保新招聘来的人员一入职就有一个好的开端是组织用人管理的重要内容。老厨师过去的工作经历深刻地影响着新员工与企业之间的关系。精心安排好入职培训工作对新员工正确了解管理人员、一起工作的同事和厨房、整个企业的总体情况是非常必要的。

3）协调

协调是分派工作任务、组织人员和资源去实现企业目标的管理活动。

协调的基础是沟通。厨房内部必须建立有效的沟通渠道，使信息能够在组织机构中上下流通。处于同一机构层级的人员也需要相互沟通。只有在相应的厨房和餐厅以及其他部门、岗位之间建立开放的沟通体系，机构的目标才能实现。

授权是协调的重要内容。授权意味着权力能够在机构中下放，而最终的责任是不能下放的。比如总厨师长负有组织开发、完善定型菜肴的责任，一段时间内或某些情况下，总厨师长可以授权分点厨师长组织菜肴创新活动，但列入菜单销售菜肴的总体水平、质量必须由总厨师长负责。

4）指挥

指挥是绝大多数管理人员的主要工作任务。人们通常认为，管理就是通过他人来完成工作。对劳动密集型的餐饮企业来说更是如此。员工是每个餐饮企业获得成功的极其关键的因素。了解员工的需求、愿望和期望可以帮助厨房管理人员更有效地指挥员工。

指挥是指对员工的督导、工作安排和制度约束。督导包含了在工作过程中管理者与员工之间相互联系的所有方式。当管理人员对员工进行督导时，应懂得如何激励员工的士气，如何使员工有合作精神，如何对员工下达指令，如何使员工在人群中表现最优。

将机构目标与员工的目标融为一体变得越来越重要。只有当个人的需求在工作中得到满足时，员工才能被激励。要尽量让员工参与对他们有影响的决策。

合理地安排员工的工作是非常重要的。管理人员必须精确地了解需要多少劳动力，然后才能在此范围内开展工作，并且公平地对待所有的员工。

用制度约束员工是很多管理人员感到畏惧的事情。但是，如果管理人员确信制度约束不是一种惩罚的方式，便会有一种积极的感受。确切地说，制度约束是一种提醒和纠正员工不正确行为，并帮助员工成为组织中高效率成员的管理方式。制度约束的方法包括个别训导、告诫、召开劝告会以及厨师长、总厨师长与员工进行更为严肃的谈话。在某种情况下，也可以采取书面警告和暂时停职的方式。执行正式的书面规章制度是保护管理人员自己和餐饮企业的最佳方法，这样可以避免偏袒、歧视和不公正行为的发生。

5）控制

仅有有效的计划制订、资源组织及员工挑选和指挥实施还不能保证目标的实现。因此，在管理过程中，必须实施控制职能。控制职能包括建立和实施控制系统。

厨房产品是经过众多环节协调、运作、加工生产出来的。因此，对原料的采购、验收、储存、发放、制作以及服务过程进行控制是至关重要的。

然而，控制不仅仅是锁仓库门、审核菜品配料标准、在磅秤上称一称到货的质量等有形的工作。控制程序实际上是从编制预算、筹划菜单开始的。预算指明了预计达到的收入和成本水平。厨房管理人员应该浏览最近的财务报表，比如"收入成本日报表"。预算制定后，厨房管理人员必须衡量完成预算目标的程度如何，如果预期的结果与实际结果误差较大，必须加以纠正，并对调整后的结果是否有效进行评估。

厨房管理人员应该建立一套能够及时警示问题发生的控制体系。几周之后才知道问题的存在而需要控制，显然是无济于事的。厨房管理人员要经常制定每天或每周的控制程序，以便补充会计和成本核算，控制人员所提供的财务报表的不足。

6）评估

评估在厨房管理活动中包括以下内容：第一，总结在实现机构总体目标过程中的经营业绩；第二，评估员工的工作表现；第三，评估培训计划的效果。厨房管理人员必须回答的一个永恒的问题是："工作完成得怎样了？"

不管机构目标是否完成，管理人员必须经常不断地进行评估，因为自满总会给日后的经营带来麻烦。如果目标即将实现，管理人员可以去完成新的目标。如果机构目标没有完成，评估过程还可以起到弄清存在问题的作用。意识到问题的存在是解决问题的重要步骤。

厨房管理人员还必须进行自我评估，职业厨师长尤需如此。有些厨房管理者认为他们的工作总是做得很出色，因此不需要自我评估。也有一些厨房管理人员认为，自己是在尽最大的努力完成工作，不可能任何事情都做得很好，所以对自己进行评估是没有意义的。这两种认识都会导致工作的低效率。以真诚的态度、经常检讨自己的工作表现可以帮助厨房管理人员提高自身的业务能力和处理人际关系的能力。

评估是任何时候都要进行的重要工作。在厨房管理过程中，管理人员应该定期安排实施。

1.1.3 现代厨房管理的任务

现代厨房管理，就是要在现代先进管理理论的指导下，将厨房人力、设备、原料等各种资源进行科学利用和整合，提供品质优良且持续稳定的出品，创造良好的口碑和效益。

1）激发调动员工积极性

运用情感管理，配合经济、法律、行政的各种手段和方式，激发厨房员工的工作热情，充分调动员工的工作积极性，是厨房管理的重要任务。员工积极性调动起来了，工作效率就会得到提高，产品质量就会有保障，对技术精益求精的风尚就可能形成并发扬光大。反之，员工情绪消沉，将会为厨房生产和管理带来种种隐患，厨房的技术进步、产品开发与创新就会举步维艰。

2）完成企业规定的各项任务指标

厨房作为餐饮企业的一个部门，而且是一个重要的食品生产和出品部门，理应承担企业所规定的有关任务和指标，以保证企业及所在部门整体目标的实现。

①完成餐饮企业规定的营业收入指标。营业收入反映着企业综合收益、总体经营状况，厨房虽不直接销售产品，但其出品是构成餐饮企业收入的主要组成部分。

②实现餐饮企业规定的毛利及净利指标。企业为积累资金，扩大再生产，无疑要追求经营获利。这也是考核厨房管理实际控制效果的一个重要指标。

③达到餐饮企业规定的成本控制指标。在保护消费者利益的前提下，成本控制准确，才能为企业多创效益。

④符合餐饮企业及卫生防疫部门规定的卫生指标。这是对消费者身心健康负责、保证企业社会效益、创造企业可持续发展条件的重要考核指标。

⑤达到餐饮企业规定的菜点质量指标。质量指标包括出品给客人的感官印象和内在的营养卫生等要素。有些餐饮企业规定厨房产品的出品合格率（即客人满意率）不能低于98%。

⑥完成餐饮企业规定的食品创新、促销活动指标。研究开发菜点新品，不断推出各种食品促销活动，既为餐饮竞争所必需，又是扩大餐饮企业声誉、为企业创收的重要手段。

3）建立高效的运转管理系统

厨房管理，要为整个厨房建立一个科学、精练、确有成效的生产运转系统。这主要包括人员的配备、组织管理层次的设置、信息的传递、质量的监控、货源的组织与出品销售的协调指导等方面。

4）制定工作规范和产品标准

为了保证厨房的各项工作有章可循，统一厨房的业务处理程序，维持一致的加工、制作、出品标准，厨房管理者必须明确制订并督导执行各项工作规范和产品规格标准。厨房生产的规格标准应符合以下要求：管理者与员工一致认可；切实可行；可以衡量和检查；要贯彻始终。

工作规范和产品标准可以具体分解为生产、管理程序和作业规格、要求。

（1）规范操作程序

同一项工作、同一种出品，通过不同操作程序可导致不同的行为结果，产生不同的性状、质量。因此，同一厨房的工作和烹饪生产必须制定规范的操作程序，以创造目标统一的条件。

①运转管理程序。运转管理程序包括客情通知、接收程序、原料申领、申购程序，设备、器材检查、运行程序，设备使用清洁、保养程序，新产品开发、试制、推广程序，原料售缺、菜点沽清通知程序，客人退换菜点处理程序，安全器械保管、使用程序等。

②厨房生产操作程序。厨房生产操作程序包括厨房原料加工、洗涤程序，水产、肉类等原料切割程序，干货原料涨发程序，原料活养、收藏、保管程序，上浆、挂糊程序，开餐前准备程序，开餐出品程序，餐后收尾程序等（图1-2）。

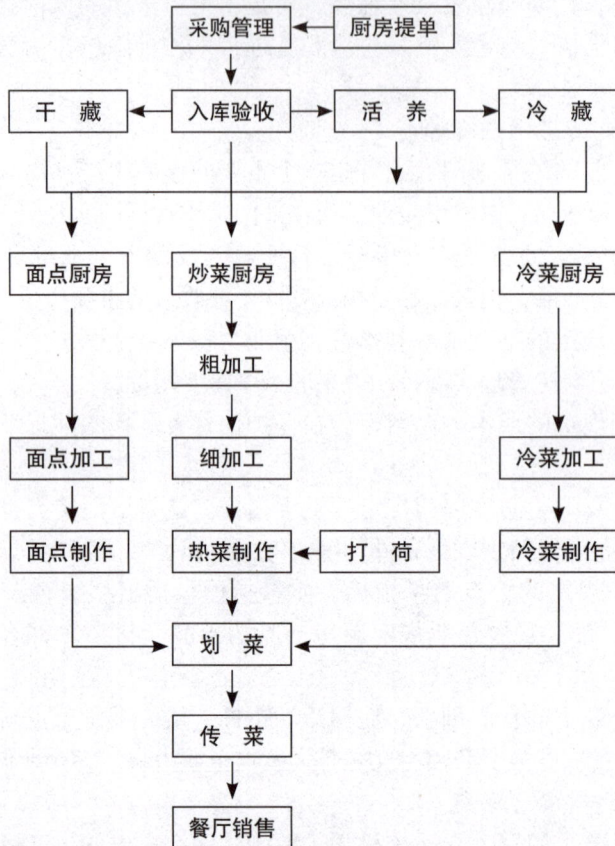

```
                    采购管理 ◄─── 厨房提单

        干 藏 ◄─── 入库验收 ───► 活 养    冷 藏

    面点厨房      炒菜厨房              冷菜厨房

                  粗加工

    面点加工      细加工              冷菜加工

    面点制作      热菜制作 ◄── 打 荷    冷菜制作

                  划 菜

                  传 菜

                  餐厅销售
```

图1-2 厨房生产管理流程图

（2）统一生产规格与标准

生产规格与标准是对生产工作结果的控制。明确具体、切实可行的工作规格、标准不仅有利于员工执行，还能减少盲目生产和劳动浪费，也更利于消费者对厨房产品的进一步认同。

①厨房生产、作业规格。厨房生产、作业规格包括：原料加工、切割规格，原料浆腌规格，烹调调味汁兑制规格，装盘出品规格，申购原料规格，不同销售标准果盘制作规格等。

②厨房工作标准。厨房工作标准包括：厨房员工行为规范标准，物品、原料、成品存放标准，干货原料涨发标准，各类出品温度标准，食品、生产、人员卫生标准等。

5）科学设计和布局厨房

厨房的规划设计和布局既是建筑设计部门的工作，也是厨房管理人员分内的工作。厨房设计布局科学合理，既为节省人力、物力，从事生产操作带来很大便利，也为提高、稳定厨房出品质量起到一定的保障作用。反之，不仅增大投资，浪费人力、物力，而且还为厨房的卫生、安全留下事故隐患，为出品的速度和质量控制带来诸多不便。因此，厨房管理者应积极参与，不断完善厨房的设计与设备布局，创造良好的工作环境（图1-3）。

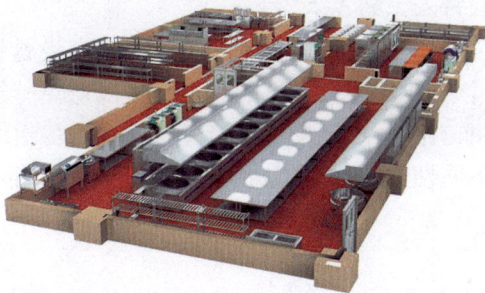

图1-3 中餐厨房设计与布局结构图

6）制定系统的管理制度

发动厨房员工讨论并制定一系列为维护厨房生产秩序所必需的基本制度是十分必要的，这既保护大部分员工的正当权益，又约束少数人员的不自觉行为。厨房所需建立的基本制度包括厨房纪律、厨房出菜制度、厨房员工休假制度、值班交接班制度、卫生检查制度、设施设备使用维护制度、业务技术考核制度等。

制定厨房管理制度必须注意：从便于管理和照顾员工利益的立场出发；内容切实可行，便于执行和检查；措辞严谨，制度之间与餐饮企业总体规定不应有违背和矛盾的地方；以正面要求为主，注意策略和员工情绪。

7）督导厨房有序运转

督导厨房生产全过程，保证各餐厅按时开餐，顾客及时享用到应有品质的菜点，这不仅是厨师长及其他管理人员的任务，而且也是对厨房所有岗位、各个生产环节的全面质量管理的要求。管理者以身作则，以实际行动感染和培养厨房所有员工，自觉自律，勤奋工作，则可为厨房顺利开展各项工作奠定坚实可靠的基础。

任务2 厨房组织机构

【引导案例】

在南京一家拥有1000个餐位的四星级饭店，厨房由原有的70多人减少到60人（包括初加工、理菜、卫生人员），而营业收入从原来的年收入4500万元左右，发展到今天的年收入5800万元。平均每天16万元，达到每个餐位每天160元的收入。为什么厨房员工减少了那么多，营业收入反而提高了这么多？

这是因为该饭店对厨房组织机构进行了许多改革，建立了厨房加工中心，合理地组配人员，选用精兵强将，另配年轻能干的厨师和厨工，重新认证和调整菜单，排除许多费工费时的菜肴，设计标准菜谱，许多菜品在保持传统特色的基础上实行批量生产等。这些措施的实施，大大加快了厨房生产速度，简化了烹饪生产流程。由于有标准食谱和标准成本卡，每个厨师干什么、怎么干都一清二楚，菜品的质量和成本得到了有效控制。

点评：有效地改革和设计厨房菜单，确定生产标准，简化生产流程，不仅可以提高产品质量、加快生产速度，而且可以在劳动节约原则下重新核定各工种、岗位劳动量和各工种员工工作量，有效地控制好人工的成本。

厨房生产和管理是通过一定的组织形式来实现的。厨房设置科学、完善的机构有以下作用：可以清楚地反映每个工种及岗位人员的职责；可以避免越级或横向指挥；容易发现工作疏漏，并防止重复安排工作；使每个员工清楚自己在厨房组织中的位置和发展方向。厨房机构设置的前提是对不同性质、功能的厨房有系统充分的了解。

1.2.1 厨房的种类

厨房，泛指从事菜肴、点心制作的生产场所。国外经常将厨房描述成"烹调实验室"或"食品艺术家的工作室"，甚至是"一处生财宝地"。本书所阐述的厨房特指以生产经营或为企业配套为目的、为服务顾客而进行菜点制作的生产场所。它必须具备以下要素：一是一定数量的生产工作人员（有一定专业技术的厨师、厨工及相关工作人员）；二是生产所必需的设施和设备；三是必需的生产空间和场地；四是满足生产需要的烹饪原材料；五是适用的能源等。

厨房是一个集合概念，就其规模、餐别、功能的不同，可作如下分述。

1）按厨房规模划分

（1）大型厨房

大型厨房是指生产规模大、能提供众多顾客同时用餐的烹饪场所（图1-4）。综合型饭店一般为客房在500间以上、经营餐位在1500个以上的饭店，大多设有大型厨房。这种大型厨房，是由多个不同功能的厨房组合而成的。各厨房分工明确，协调一致，承担饭店大规模的生产出品工作。

经营面积在2000平方米或餐位在1200个以上的餐馆、酒楼，其厨房也多为大型厨房。这样的厨房场地开阔，大多集中设计，统一管理；经营数种风味的大型厨房，多需要分类设计，细分管理，统筹经营。

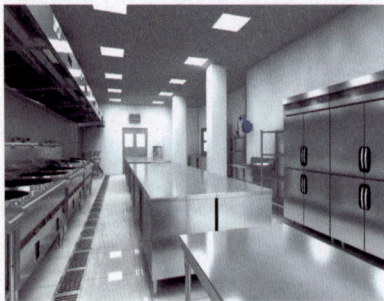

图1-4　大型厨房

（2）中型厨房

中型厨房是指能同时生产、提供300～500个餐位顾客用餐的烹饪场所。中型厨房场地面积较大，大多将加工、生产与出品等集中设计，综合布局。

（3）小型厨房

小型厨房多指生产、服务200～300个餐位甚至更少餐位顾客用餐的烹饪场所（图1-5）。小型厨房多将厨房各工种、岗位集中设计，综合布局设备，占用场地面积相对节省，风味比较专一。

图1-5 小型厨房

（4）超小型厨房

超小型厨房是指生产功能单一、服务能力十分有限的烹饪场所。比如，在餐厅设置面对客人现场烹饪的明档；宾馆、饭店豪华套间或总统套间内的小厨房；商务行政楼层内的小厨房；公寓式酒店内的小厨房等。它与其他厨房配套完成生产出品任务。这种厨房虽然小，但设计都比较精巧，生产操作很方便。

2）按餐饮风味类别划分

餐饮，根据其经营风味，从大的风格上可分为中餐、西餐等；从风味流派上进行细分，中餐又可分为川、苏、鲁、粤，以及宫廷、官府、清真、素菜等；西餐又可分为法国菜、美国菜、俄罗斯菜、意大利菜等。因此，依据生产经营风味，与之相应厨房可分为以下几种。

（1）中餐厨房

中餐厨房是生产中国不同地方、不同风味、不同风格菜品、点心等食品的场所（图1-6），如广东菜厨房、四川菜厨房、江苏菜厨房、山东菜厨房、宫廷菜厨房、清真菜厨房、素菜厨房等。

图1-6 中餐厨房

（2）西餐厨房

西餐厨房是生产西方国家风味菜肴及点心的场所（图1-7），如法国菜厨房、美国菜厨房、俄罗斯菜厨房、英国菜厨房、意大利菜厨房等。

图1-7　西餐厨房

（3）其他风味厨房

除了典型的中餐风味、西餐风味厨房，还有一些生产制作特定地区、民族、特殊风格菜点的场所，如日本料理厨房（图1-8）、韩国烧烤厨房、泰国菜厨房等。

图1-8　日本料理厨房

3）按厨房生产功能划分

厨房生产功能，即厨房主要从事的工作或承担的任务，是与相对应的餐厅功能和厨房总体工作分工相吻合的。

（1）加工厨房

加工厨房是对各类鲜活烹饪原料进行初加工（如宰杀、去毛、洗涤）、对干货原料进行涨发、对原料进行刀工处理和适当保藏工作的场所（图1-9）。

图1-9　加工厨房

加工厨房在国内外一些饭店中又称为主厨房，负责餐饮企业内各烹调厨房所需烹饪原料的加工。在特大型餐饮企业或连锁、集团餐饮企业里，加工厨房有时又被切配中心取代。由于加工厨房每天的工作量较大，进出货物较多，垃圾较多和用水量也较大，因而许多餐饮企业都将其设置在建筑物的底层或出入便利、易于排污和较为隐蔽的地方。

（2）宴会厨房

宴会厨房是指为宴会厅服务的、主要烹制宴会菜肴的场所（图1-10）。大多数餐饮企业为保证宴会规格和档次，专门设置此类厨房。设有多功能厅的餐饮企业，宴会厨房大多同时负责各类大、小宴会厅和多功能厅的烹饪出品工作。

图1-10 宴会厨房

（3）零点厨房

零点厨房是专门生产、烹制客人临时、零散点用菜点的场所（图1-11）。零点餐厅是给客人自行选择、点食的餐厅，故列入菜单经营的菜点品种较多，厨房准备工作量大，开餐期间也很繁忙，其设计多有足够的设备和场地，以便于制作和及时出品。

图1-11 零点厨房

（4）冷菜厨房

冷菜厨房又称冷菜间，是制作、出品冷菜的场所（图1-12）。冷菜制作程序与热菜制作程序不同，一般多为先加工烹制，再切配装盘，故冷菜间的设计在卫生和整个工作环境、温度等方面有更加严格的要求。冷菜厨房还可分为冷菜烹调制作厨房（如加工卤水、烧烤或腌制、烫拌冷菜等）和冷菜装盘出品厨房，后者主要用于成品冷菜的装盘与发放。

图1-12 冷菜厨房

（5）面点厨房

面点厨房是加工制作面食、点心及饭粥类食品的场所（图1-13）。中餐又称其为点心间，西餐多叫包饼房。由于生产用料的特殊性，面点制作与菜肴制作有明显不同，因此，又将面点生产称为白案，菜肴生产称为红案。各餐饮企业分工不同，面点厨房的生产任务也不尽一致。有的面点厨房还承担甜品和巧克力小饼等的制作。

图1-13　面点厨房

（6）咖啡厅厨房

咖啡厅厨房是为咖啡厅加工制作菜肴的场所。咖啡厅相对于扒房等高档西餐厅，实际上是西餐快餐或简餐餐厅。咖啡厅经营的品种多为普通菜肴，甚至包括小吃和饮品。因此，咖啡厅厨房设备配备相对齐全，出品也较快。也正因为如此，许多饭店将咖啡厅作为饭店内每天经营时间最长的餐厅，咖啡厅厨房也就成了生产出品时间最长的厨房，有的咖啡厅厨房还兼备客房送餐食品的制作出品功能。

（7）烧烤厨房

烧烤厨房是专门加工制作烧烤类菜肴的场所（图1-14）。烧烤菜肴如烤乳猪、叉烧、烤鸭等，由于加工制作工艺、时间，与热菜、普通冷菜程序、时间和成品特点不同，故需要配备专门的制作间。烧烤厨房室内温度较高，工作条件较艰苦，其成品多转交明档或冷菜装盘间出品。

图1-14　烧烤厨房

（8）快餐厨房

快餐厨房是加工制作快餐食品的场所（图1-15）。快餐食品是相对于餐厅经营的正餐或宴会大餐食品而言的。快餐厨房大多配备炒炉、油炸锅等便于快速烹调出品的设备，成品大多较简单、经济，生产流程畅达和生产节奏快是其显著特征。

图1-15　快餐厨房

1.2.2　厨房各部门职能

厨房职能随餐饮企业规模的大小和经营风味、风格的不同而有所区别。大型、综合型餐饮企业的厨房规模大、联系广，各部门功能比较专一；中型、小型餐饮企业的厨房的部分功能则相对合并，结构较为简单。原料进入厨房，要经过加工、配份、烹调以及冷菜、点心等工种、岗位的相应处理，至成品阶段才能送至备餐间传菜销售，因此，厨房各工种、岗位都承担着不可或缺的重要职能。

1）加工部门

加工部门是原料进入厨房的第一生产岗位，主要负责将蔬菜、水产、禽畜、肉类等各种原料进行拣摘、洗涤、宰杀、整理，即所谓的初加工；干货原料的涨发、洗涤、处理也属于初加工范畴。现代厨房明显强化了加工厨房的职能，在对原料进行初加工的基础上，还负责按照规格要求对原料进行刀工切割处理，并做预制浆腌，这又叫作深加工或精加工。这样，在整个厨房生产过程中，刀工处理基本在加工部门就得以完成。由于加工部门工作量的增大，而且对配份、烹调部门有着基础的、长远的影响，所以，加工部门又被称为加工厨房，甚至叫作主厨房或中心厨房。

在连锁、集团餐饮企业，加工部门的职能还要扩大一些，比如在将一些原料进行加工、调味的基础上，还需要按规格要求进行真空包装，以便于在送达各连锁销售点后进行烹调、销售。因此，有些连锁、集团餐饮企业在加工厨房的基础上，建立（加工）配送中心，或称切配中心。

2）配菜部门

配菜部门又称砧墩或案板切配部门，负责将已加工的原料按照菜肴制作要求进行主料、配料、料头（又叫小料，主要是配到菜肴里起增香作用的葱、姜、蒜等）的组合配份。由于这里使用的原料都是净料，而且直接影响着每道菜、每种原料的投放数量，因此，对成本控制起着重要作用。

有些生产量不大的厨房的配菜部门，又叫切配部门，即加工部门只是负责对各种原料进行初步加工、洗涤、整理，而原料的切割、浆腌等刀工处理、精细加工则由此部门完成，连同配菜，在整个生产链中起着加工与炉灶烹调中的桥梁、纽带作用。

3）炉灶部门

需要经过烹调才可食用的热菜，需要经过炉灶部门处理。炉灶部门将配制好的组合原料，经过加热、杀菌、消毒和调味等环节，做出符合风味、质地、营养、卫生要求的成品。该部门决定了成菜的色、香、味、质地、温度等，是开餐期间最繁忙，也是对出品质量、秩序影响最大的部门。

4）冷菜部门

冷菜部门负责冷菜（又称凉菜）的刀工处理、腌制、烹调及改刀装盘工作。冷菜与热菜的制作、切配程序不完全一致，冷菜大多先烹调后配份、装盘。因此，它的生产、制作与切配、装盘是分开进行的。冷菜的切配、装盘场所特别要求低温、杀菌，员工及其操作的卫生要求也相当高。根据地域、饮食习惯和文化上的差异，有些消费者更喜欢食用烧烤、卤水菜肴或色拉等品种，这些菜品通常也多作为类似冷菜功能的前菜或开胃菜出品。

5）点心部门

点心部门主要负责点心的制作和供应。中餐广东风味厨房的点心部门还负责茶室小吃的制作和供应。有的点心部门还兼做甜品、炒面类食品。西餐点心部又称包饼房，主要负责各类面包、蛋糕、甜品等的制作与供应。

1.2.3　厨房机构设置原则

只有管理风格、隶属关系、经营方式和品种几乎一样的餐饮企业的厨房，其机构才是基本相似的。绝大部分餐饮企业的厨房机构大相径庭，因为各饭店的经营风格、经营方式和管理体系是不尽相同的。正因为如此，不同餐饮企业在确立厨房机构时不应生搬硬套，而是要在力求遵循机构设置原则的基础上，充分考虑自己的特色。具体应遵循以下原则：

1）以满负荷生产为中心的原则

在充分分析厨房作业流程、统观管理工作任务的前提下，应以满负荷生产、厨房各部门承担足够工作量为原则，因事按需设置组织层级和岗位。机构确立后，本着节约劳动的原则，核计各工种、岗位劳动量，定编定员，杜绝人浮于事，保证组织的精练、高效。

2）权力和责任相当的原则

厨房组织机构的每一层级都应有相应的责任和权力。必须树立管理者的权威，赋予每个职位以相应的职务权力。有一定的权力是履行一定职责的保证，有权力就应承担相应的责任。责任必须落实到各个层次、各个岗位，必须明确、具体。要坚决杜绝"集体承担、共同负责"，而实际上无人负责的现象。一些技术高、贡献大的重要岗位，比如厨师长、头炉等在承担菜肴开发创新、成本控制等重要任务的同时，应该有与之相对应的权力及利益所得。

3）管理跨度适当的原则

管理跨度是指一个管理者能够直接有效地指挥控制下属的人数。通常情况下，一个管理者的管理跨度以3～6人为宜。影响厨房生产管理跨度大小的因素主要有以下几点。

（1）层次因素

厨房内部的管理层次要与整个餐饮企业相吻合，层次不宜多。厨房组织机构的上层，创造性思维较多，以启发、激励管理为主，管理跨度可略小。而在基层的管理人员身先士卒，以指导、带领员工操作为主，管理跨度可适当增大，一般可达10人。中、小规模厨房，切忌模仿大型厨房设置行政总厨，因为机构层次越多，工作效率越低，差错率越高，内耗越大，人力成本也就居高不下。中、小规模厨房机构，正规化程度不宜过高，否则管理成本也会无端增大。

（2）作业形式因素

厨房员工集中作业比分散作业的管理跨度要大些。

（3）能力因素

管理者自身工作能力强，下属自律能力强、技术熟练稳定、综合素质高，则跨度可大些。

4）分工协作的原则

烹饪生产是诸多工种、若干岗位、多项技艺协调配合进行的，任何一个环节的不协调都会给整个厨房生产带来不利影响。因此，厨房各部门既要强调自律和责任心，不断钻研业务技能，又要培训一专多能的人才，强调谅解、合作与补台。在生产繁忙时期，更需要员工发扬团结一致、协作配合的精神。

1.2.4 厨房组织机构图

厨房组织机构图是厨房各层级、各岗位在整个厨房当中的位置和联络关系的图表。餐饮企业性质和管理风格不同、烹饪生产规模和作业方式不一，厨房组织机构图也就不同。厨房组织机构图并非一成不变，随着餐饮经营方式、策略、企业管理风格的变化，厨房的组织机构图也需作相应的调整和改变，以准确反映厨房各岗位和工种之间的最新关系。

1）大型厨房组织机构图

大型厨房机构的特点是集中设立，并特别强化主厨房的职能，由主厨房加工、提供各烹调厨房半成品原料。根据餐饮企业规模和经营风味，分设若干烹调厨房，领用主厨房原料，进行烹制出品。集中与分散有机结合，既便于控制加工规格，计核原材料成本，又在一定程度上保证了各烹调厨房的卫生和出品质量（图1-16）。

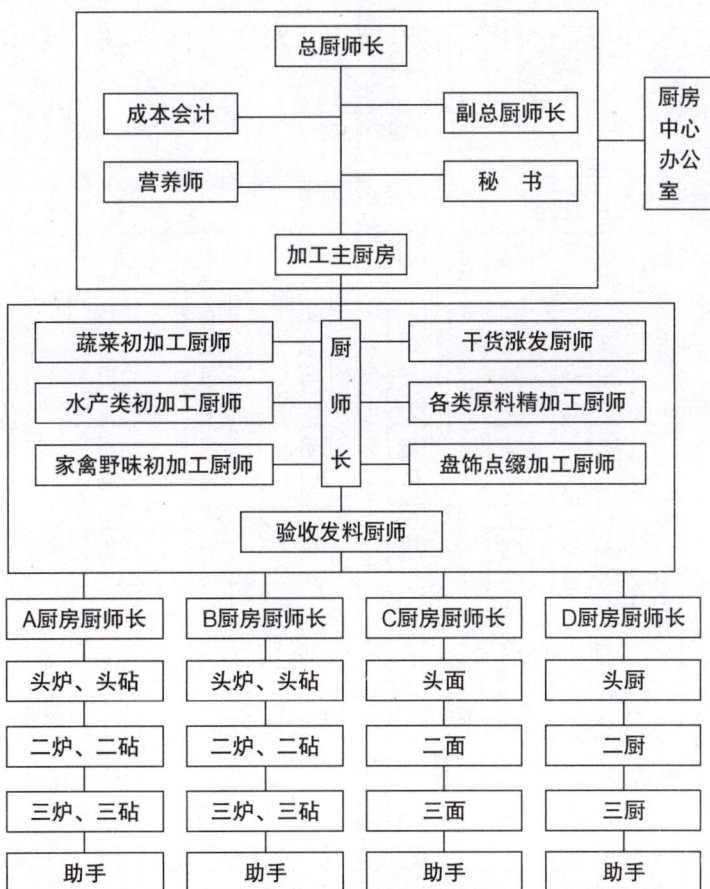

图1-16 大型厨房组织机构图

2）中型西餐厨房组织机构图

这种厨房大多兼有中、西餐功能的综合型饭店的厨房机构，通常分为中餐、西餐两部分；厨房的规模不是很大，除了加工工作合并、集中设计外，中餐厨房和西餐厨房具有相对独立、全面的多种生产功能（图1-17）。

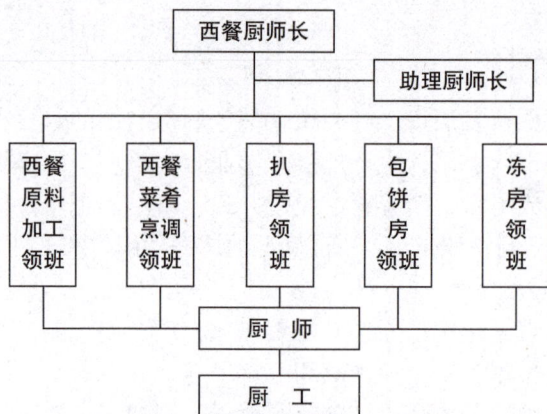

图1-17　中型西餐厨房组织机构图

3）中型中餐厨房组织机构图

中型中餐厨房组织机构图的优点在于岗位分工细致、职责明确，便于基层督导和监控管理（图1-18）。

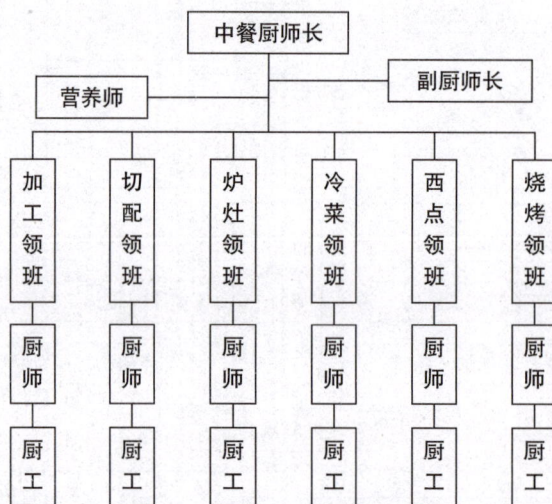

图1-18　中型中餐厨房组织机构图

4）小型厨房组织机构图

小型厨房规模小，因此机构也比较简单，设置几个主要的职能部门即可，加工直接隶属于切配，可不单独设组。更小的厨房可不设部门而直接设岗（图1-19）。

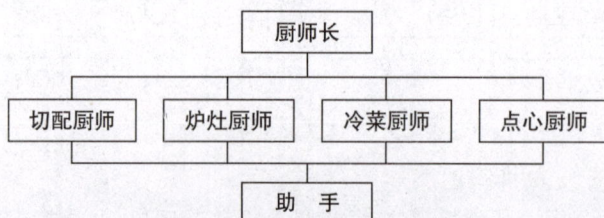

图1-19　小型厨房组织机构图

任务3 现代厨房生产与管理的演变

【引导案例】

纽约默瑟大酒店厨房设计师耗资200万美元设计改造了具有开放式厨房的餐厅。他受意大利厨房的影响，将一个开放式的厨房设置在具有艺术氛围的大餐厅中。整个食品加工和厨艺程式好似编排芭蕾舞剧一样，并然有序。厨房的烹调部和食用材料准备部分布于可容150个餐位的大厅之中。放置待加工的蚝、虾和生鱼片等海鲜品柜台摆在大厅的一角。放置各式色拉的柜台则分别置于各餐桌之间。以烹调部为中心摆着三排餐桌，从那里可以看清楚整个餐厅。厨师长掌握整个餐厅的动态，根据客人点菜单及时向厨师们和工作人员指派任务。由于厨房是开放式的，客人能清楚地观察整个操作过程，这引起许多客人的兴趣。厨师和工作人员的一举一动都受到客人的注意，所以清洁卫生是头等重要的。餐厅鼓励客人与厨师对话，邀请客人观看操作技艺，并接受客人的询问。采取开放式厨房可以使厨师和管理人员及时而直接地了解客人的意见（无论是看到或听到的）。这对改进餐厅工作大有好处。当厨师们听到客人当面说声"谢谢"，那将是最大的奖励。

点评：透明的厨房已成为现代国际厨房设计的主要潮流。

厨房管理是整个饭店餐饮企业管理中的一个重点和难点。尽管它属于后台岗位，但是其产品的质量好坏，对企业的影响很大，加之厨房工作人员都是一些技术人员较集中的地方，对于管理来说，厨房管理实质就是由一个或更多的人来协调其他人的活动，以便收到个人单独活动所不能收到的效果而进行的各种活动。因此，管理的中心工作是人。特别是饭店、餐饮企业中的厨房，人员密集，而且通常是依靠人的手工操作为主，因此，根据厨房生产的特点，加强厨房的管理是至关重要的。

1.3.1 现代厨房生产与管理的要求

随着当代企业趋于国际化发展，厨房生产也应该转换经营思想、经营理念，把先进的管理思想、管理方法和管理手段与我国长期积累的管理经验结合起来，为餐饮经营、厨房管理架起一道桥梁，为餐饮企业完全面向市场进行公平竞争提供保证。激发科学管理的新思路，去武装我们的厨房技术人员。厨房管理者在新的思路指导下，不断除旧布新，使菜点在营养、卫生、口味、质量方面符合国际标准，从而建立起管理有序、技术高强、具有竞争能力的厨师队伍。

1）设置组织机构与制定管理制度

设置厨房组织机构和制定管理制度是实现厨房的经济指标和目标管理的根本保证。厨房组织机构科学合理与否，关系到生产方式和完成生产任务的能力，影响到工作的效率、产品的质量、信息的沟通和职责的履行。设置合理的厨房组织机构，保证厨房所有工作和任务都得以分工落实，明确厨房各岗位、各工种的职能，确定员工的岗位和职责，明确各部门的生产范围及其协调关系，才能有利于厨房管理工作有效实施和有序开展。

　　不同的组织机构需要有不同的制度规范，这是企业成功的基础。政策制度是维护厨房生产秩序所必需的基本制度，它既要保护大部分员工的正当权益，又要约束少数人员的不自觉行为，因此，制定适宜的政策制度对厨房管理是十分必要的。

　　制度就如同"开水炉"，既要严格，又要具体，对于任何人都应一视同仁，因此，在制定时必须慎重和切实可行。管理者必须根据本企业的性质、等级、管理模式、生产特点和员工的基本素质等实际情况，具体制定本厨房的各项制度。制定制度的目的在于执行。如果制度本身不切合实际，照抄别人的那一套，这样即使制度定了一大堆，而员工却无法执行，那么这些规章制度也只能是废纸一堆。

　　制度也并不是只罚不奖，只对企业和业主有利，很多企业所制定的制度是奖少罚多，很难调动员工的工作积极性。对于企业和投资者来说，要关心员工、稳定队伍，必须建立制定各项有利于稳定员工的政策让员工踏实安心地为本企业服务，使他们有安全感、归属感。这样做也有利于企业自身利益。制定的制度要规范，有针对性，便于理解和执行。

　　2）合理安排业务流程

　　厨房的业务流程，指餐饮产品加工过程中的各道工序的划分和各个工种之间的密切配合。合理地安排业务流程，是保证餐饮产品生产顺利进行，提高工作效率和产品质量的基础。因此，厨房产品的生产管理应根据其自然属性，在合理分工的基础上，进行科学的组织。厨房业务流程主要包括三大环节，即食品原料的加工程序、菜肴的切配程序和菜肴的烹调程序。

　　食品原料的加工程序，包括原材料的初加工和细加工。这一过程中的基本要求在于不断提高员工熟练运用刀工、刀法技巧，掌握各种操作的基本要求和各原料品种加工的标准。

　　菜肴的切配程序，直接影响着厨房菜肴制作时的成本。它虽然没有刀工、刀法的技术要求，但是在这一环节中质和量的掌握却至关重要。工作人员必须按标准食谱进行操作，统一用料标准，并加强岗位间的监督、检查，以保障菜品的质量。

　　菜肴的烹调程序，是最终确定菜肴色、香、味、形的关键。这一流程，对员工的操作规范制作数量、出菜速度、出菜温度和装盘造型，都应该有明确的要求。开餐期间，尤其要加强对炉灶烹调岗位的现场督导，以确保烹调出的每个菜品都符合技术要求。

　　3）提供必备的生产条件

　　好的菜品质量是以科学合理的设备设施和舒适的厨房环境为基本条件的。厨房内部环境不仅直接影响厨房工作人员的生活、健康状况，也会影响到食品原料的储藏与烹调。构建一个科学的、人性化的、良好的厨房工作环境可以最大限度地发挥员工的工作积极性，提高其工作效率和产品品质。

　　厨房是企业生产食物产品的部门，在采购、餐厅和工程等部门的密切配合下，负责将各类食品原料经过科学的艺术加工和生产，从而烹制出具有一定风味特色的各种菜品。

　　要保证菜品的质量，就必须提供相应的环境和条件，以保证各项生产工作顺利进行。

　　①厨房的设计布局要尽可能合理，以提供最有效的利用空间，符合人体生理运动的设计，方便厨房员工的生产操作。

　　②确保员工的作业环境透气、卫生和安全，使厨房有一个良好的舒适环境，提高员工的工作积极性。

③原料的采供渠道要畅通，货源要有保障，质量、价格要符合要求，生产操作与出品流程要畅通便利。

④厨房产品的服务销售要与生产紧密衔接，保证成品及时用于消费，并保持一定的服务规格水准。

对厨房的大小、环境要充分考虑到经营目标、经营方式、服务方式、顾客人数、营业时间、未来需求趋势和产量增加等问题，同时还包括品质的标准及整体的投资情况。另外，经营者要充分认识到良好的工作环境对生产的极端重要性，一定不要为了节省投资而对以后的经营造成难以弥补的缺陷。

4）倡导科学、健康的生产观

随着知识经济的到来，人们的环保意识日益增强，可持续发展战略已成为世界各国的共识。倡导科学、健康的饮食已成为现代人们饮食的主要方向。在厨房生产与经营过程中应主抓原料供应，杜绝不合格的食品原料，使用无污染、安全、优质、营养类的食品原料。在选择食品原料时，首先应考虑的是安全和健康，反之，在生产和技术加工过程中使用有化学合成的肥料、农药、兽药、动植物生长调节剂、禽畜和水产养殖饲料添加剂以及其他有害于环境和人体健康的物质原料，就必然危害人类的安全与健康。其次，杜绝提供野生动物菜肴，真正达到绿色餐饮的标准。因此，现代餐饮经营应严把原料这一关，用绿色食品来不断创新菜点，为广大消费者提供更多、更好、更有营养的健康菜品。

厨房在烹饪加工过程中，要坚持清洁卫生、防止原料之间相互污染和烹饪原料的合理使用以及边角原料的开发利用，使制作的成品达到食用的要求，符合食品卫生标准的要求和绿色餐饮的要求。例如，遵循人体最佳营养结构的标准，根据不同季节、不同年龄段、不同性别的特点开发营养保健养生菜品；遵循制作简便、上菜迅速、经济实惠、滋味鲜美、特色浓郁的标准来开发菜肴，摆脱制作某些造型菜、精雕细刻的象形菜的老套路；按照企业的菜品制作标准，利用粗粮细做、废物利用的原则，充分发挥技术专长，开发新菜品。

1.3.2 现代厨房生产方式的演变

随着开放的不断深入，中国的烹调师不断地走出国门，外国的饮食方式也不断地涌进了我们的市场。中国传统的烹调技术在外来饮食之风和烹饪技法的影响下，也在潜移默化地发生着变化。

近年来，国内许多餐饮企业的烹饪生产在传统制作的基础上，已涌现出许多新的变化，展现出新时代的风采，如将菜品的制作用统一的数据和控制参数进行标准化、规范化的操作，以保持菜品生产规格的一致性。菜品的生产已逐步向简易化方向演进，营养意识已逐步走进餐厅并走入寻常百姓家庭等等，这是新时代厨房生产与技术进步的体现，是时代发展之必然。

1）菜肴品种开始向标准化靠拢

我国传统的烹调生产是以手工操作为主，多少年来都几乎是在没有任何量化标准的环境中运行的，产品的配份、数量、烹制等都是凭借厨师的经验进行的，有相当大的盲目性、随意性和模糊性，影响了菜品质量的稳定性，也妨碍了厨房生产的有效管理。近年来，国内许多企业在厨房生产中，对菜品质量的各项运行指标预先设计了质量标准并根据标准进行工作，在厨房实现生产标准化和管理标准化，使厨房生产进入了标准化生产的运行轨道，在不同时间的同一菜品中，都会出现始终如一的质量稳定的同一标准。这不仅方便了生产管理，也是对消费者的高度负责。

如果没有相对固定的质量标准，就难以保证产品的质量、体现独特的菜品风格。厨房生产标准化的制定，是以标准食谱的形式表示出来的，规定了单位产品的标准配料和配伍量、标准的烹调方法和工艺流程、使用的工具和设备，这就保证了菜品质量的稳定性。在生产中由于对各项指标都进行了规定，厨师的工作有了标准，即使是重复运行的技术环节，也会因为标准统一而减少失误和差错，使厨房生产步入了质量稳定的轨道。

2）调味方式逐渐向统一预制转变

菜品质量的重要标准之一是味道，顾客对菜品的感觉最深刻的、最直接的也是菜品的味道。在传统手工操作方式中，原料质量和人为因素互相影响变化，使调味容易产生偏离，时好时坏，尤其是在营业高峰期间的出品，味道不稳定已成为一个通病。所以，人们在摸索怎样从技术上保证调味的稳定。"调味酱汁化"的施行，即是从西餐中拿来经由粤菜率先运用的，它将常用味型的调味品按标准方法配兑成统一的调味汁、酱，在生产过程中，由专人按分量统一配制，以确保口味的一致性，并且方便成菜、快速烹调。

酱汁调制的定量化，使每一种酱汁都根据不同的需要确定不同的配方。调制有相对固定的程序，由于每一种菜品都有固定的分量，只要掌握好分量，就能保证味道的稳定。这种酱汁定量化的调制方式，不仅保证了菜品味道的稳定，而且可提高工作效率，在烹制菜肴时方便快捷。

3）烹饪工艺开始趋向以操作简便为主体

中国烹饪技术精细微妙，菜品丰富多彩，烹调方法之多、之精在世界上是首屈一指的，我们在为中国烹调自豪的同时，也有些忧虑，因为许多菜品烹调环节繁杂，时间过长，与现代社会节奏和时代要求渐见矛盾。解决这一问题的最佳选择就是简化烹调工艺流程。

近些年来，中国菜的制作发生了一系列变化，随着社会的进步，人们更需要那些美味可口、营养丰富、简便快捷的菜肴，加之烹饪食品机械的应用、快节奏的生活方式的需要、食品卫生与营养的苛求，厨房的菜品烹调开始避开了那些费时的、繁复的加工过程和烹调方法。对于那些需要10多道工序、要花几小时才能完成的菜肴都渐渐远离而去。因为加热时间过长，营养损失就多；工序多、操作复杂，不仅很难保证菜品的质量，而且影响烹饪生产的工作效率。随之而来的是一些既方便又可口、既美观又保健的菜肴被广大顾客和经营者所钟爱。随着厨房用工的减少和工人小时工资的增加，那些费工费时、得不偿失的菜肴在餐饮销售时被人们所忘却而弃之，特别是受西式方便食品和快速烹调制作方法的影响，人们已不再愿意像以前一样长时间地排队等着吃饭，这也是时代发展的结果。那些体现烹饪之绝技的菜品只有在特殊的场合才偶尔用之。

4）菜品特色由重视口味转而更加重视营养

自古以来，中国五味调和的烹饪术旨在追求美味，由于我们最重视味道，因此当我们品尝了一道菜时，会说："味道好极了！"中国菜由于过分强调味道，在加工烹饪时常常忽视食品的安全、卫生，如热油炸和长时间的文火攻都会使菜肴的食用价值和营养成分被破坏。西方饮食以营养为准则，进食犹如为一生物的机器添加燃料。尽管我们讲究食疗、食补、食养，重视以饮食来养生强身，但我们的烹调技术却以追求美味为第一要求，致使许多营养成分损失于加工过程中。现在，从餐饮业的配膳到家庭的饮食，人们开始讲究食物的营养价值。在餐厅，有不同形式的营养套餐、营养菜品，以满足不同消费者的需求。在食物的运用中，而今的肉类、蛋类食品渐受冷落，我们的口味习惯也由过去的香咸、甜香型渐趋清淡型，从过去的"油多不坏菜"观念开始向"油多也坏菜"的意识转变。

科学设计菜单已经成为现代烹饪工作者的重要任务。近年来，人们对营养的需求更加强烈，许多企业已意识到根据不同客人的生理特点合理配膳；餐厅的菜单除了在菜单中标注食物名称和价格外，也开始标明食物中各种营养物质参数、所食热量及脂肪等方面的信息，以便消费者在点菜时参考。

5）厨房设备的不断变化与提升

走进现代的厨房，各种机械设备与过去相比，已发生了翻天覆地的变化。传统的厨房工作，基本上依赖于烹调师的手工操作，饭菜味道由烹调师的手艺高低来决定。而现代厨房把繁重的手工劳动交给机械设备来完成。目前应用广泛的设备有用于面食加工方面的，如拌面机、和面机、饺子机、揉圆机、馒头机、切面机等；用于菜肴加工方面的，如土豆去皮机、打蛋机、搅拌机、切肉机；用于制作方面的，如蒸箱、烘烤系列设备等。采用机械设备彻底把厨师从单调的手工劳动中解放出来，使人们有精力在加工技术上积极探索，创造出不同凡响的品牌风味来，这也是现代餐饮发展的趋势。

发达国家的厨房设备、用品在现有的电子化基础上已朝着高技术化、多功能化、综合化、节能化、智能化、实用化、小型化、装饰化等方面发展。现代厨房大量地运用高新技术和新技术产品，如微波加热、电磁加热、超声波乳化等物理技术，用于自动化操作设备的数控电控技术，电脑CAD技术等多媒体技术。又如滤污防燃的远水烟罩，除了具有一般的排抽油烟作用以外，还可以对所抽油烟进行过滤吸收，既避免了厨房中的油烟废气污染环境，又消除了油烟在排烟管道上黏附易造成的火灾隐患。随着科学技术的日新月异，应用到厨房中的新技术产品将会更加丰富多彩。

6）中心厨房的集中生产保证了菜品的制作质量

随着科学技术和生产力的发展，食品机械加工大量地走进现代化的厨房。在传统手工操作的基础上，半机械、机械和自动化机械生产成为当今厨房生产、加工的主要特色。受西方快餐公司中心厨房生产的影响，饭店利用中心厨房的生产加工使烹饪操作规模化、规范化、标准化，既减轻了手工烹饪繁重的体力劳动，又使大批量的食品品质更加稳定。如今，国内的大型旅游饭店、社会连锁餐饮，都已陆续地使用中心厨房的操作方式（图1-20），许多大饭店以及一些连锁餐饮企业，已在厨房里或另设一个"原料加工中心"，加工由专职人员负责，加上几名厨师共同组成，他们将饭店各大大小小的厨房原料加工的工作全部承担包干，每天统一备货生产、统一领料、配发，既节省了各厨房的生产时间，减少了各岗位加工人员，统一了规格，保证了质量，降低了损耗，也方便了厨房的内部管理。

图1-20　中心厨房

7）宴会菜单的数目随着宴会层次的提高而逐渐减少

自古以来，我国宴会菜品崇尚奢华，讲究原料名贵，菜品的数量多多益善。改革开放以后，在讲究合理配膳、反对暴饮暴食以后，我国各地宴席的菜点安排基本上依循去繁就简、多样统一、量少精作的原则制定宴会格局。在全国各地的饭店、餐馆的经营中，往往价位低的普通筵席，菜品的数量偏多，这符合许多老百姓的消费心理：讲排场、好面子，多多益善，无论是婚宴、寿宴，还是一般请客，人们都希望餐桌上堆满了菜品，以满足丰盛的心理需要（尽管菜品价格不贵，但浪费也较多，实在不太合适）。高档次的标准接待，由于就餐人员素质相对较高，订菜价位又较高，利用高档原材料比较多，食用者往往以交际、享乐为主，他们并不注重满桌菜品的堆叠（因其没有档次和品位），而是实行分餐制，每人一份，吃一盘清理一盘，以"吃饱"为度。高档原料菜1～2道，配上几道粗粮杂粮，即是营养价值丰富的菜品。

高档的宴请活动，菜品的数量不在多，而在精；接待菜品不在多，而在雅。在接待过程中，经营者应考虑和注重宾客食量的需要，从营养平衡、分餐进食的方向去设计布局。在酒水运用上，鲜果汁、葡萄酒、矿泉水等备受顾客青睐，而传统的烈性酒在许多高档的餐饮场所逐渐被顾客敬而远之。

8）对餐具的要求更注重品位和特色

一盘美味可口的佳肴，配上精美得体的器具，可使整盘菜肴熠熠生辉，给人留下难忘的印象。在饮食发展中，美食总是伴随着社会的进步、烹饪技术的发展而日趋丰富，美器则是伴随着美食的不断涌现、科学文化艺术的繁盛而日臻多姿多彩的。如果从文化、艺术和美学的角度考察，美食与美器的匹配是有着一定的规律和特色的。它既是一看一碗与一碗一盘之间的和谐，又是一席肴馔与一席餐具器皿之间的和谐。

而今的餐具从其质料来看，有华贵的镀金、镀银餐具，光芒四射，银光闪闪，体现其规格档次和豪华风格；有别具特色的大理石作盛装器具，色彩斑斓、纹理美观、光滑锃亮；有现代风格的不锈钢食器，由小到大，风格多样，款式新颖；有反射效果极佳的镜子等大型盛器，在各种宴会和自助餐场合，立体感观好，在灯光的照耀下，食与器产生强烈的感染力；有取材简易、造型别致，经过艺术处理的竹、木、漆器作食器，朴实而雅致，天然而绚丽；有传统的陶器、瓷器，其做工精良，釉彩光亮，色调鲜艳，花样别致，造型新奇，艺术效果较好。就其风格来说，有古典的、现代的、传统的、乡村的、西洋的等多种特色。

各种异形餐具不断发展，如吊锅、石锅的运用；炖盅的演变也更加丰富多彩，在造型上有无盖和有盖的盅，并有南瓜型汤盅、花生型汤盅、橘子型汤盅等，在特质上有汽锅汤盅、竹简汤盅、椰壳汤盅、瓷质汤盅、砂陶汤盅等，以及"烛光炖盅"（图1-21），上面是炖盅菜品，下面点燃蜡烛，既起保温作用，又起点缀作用，增加了就餐情趣。

图1-21 烛火炖盅

任务4 现代厨房生产与加工的革新

【引导案例】

山东某酒店集团厨务部中心厨房成立后，厨务部在不断探索中进行了一场根本性的变革：一个为集团4家酒店提供厨房服务、为酒店优化厨房结构提供支持和保障的厨房加工中心机构诞生了。

厨房加工中心负责人介绍，该机构现有人员18人，其中厨师3人，厨工8人，设有热菜部、凉菜部、卤水部、浸发部。在保质、保量地满足4家酒店统一菜品、预制菜品供应的同时，他们还在新菜品的研制开发、厨艺培训和技术交流等方面进行了大胆的尝试。在4台七灶明炉、4个煤炉的中心厨房，根据企业所需，目前已拥有固定生产梅菜扣肉、蟹肉狮子头、红烧乳鸽、蒜香鸡、金牌蒜香骨、盐焗凤翅等10余道热菜及20余道凉菜的能力。酒店所销售的卤水制品有80%的用量来自卤水部；浸发部则负责向酒店提供水发海参、水发鲍鱼、海螺汁、脆皮汁及烹制鱼类的各种浇汁。

在中心厨房的生产制作中，都是标准化、计量化、工艺化的菜品生产过程，100克的狮子头每个都要上秤称，水发海参绝对是用纯净水。《中心厨房一日工作总结》《中心厨房配送新菜品通知单》《中心厨房菜品说明》等规定，已成为厨房质量工作的切实保证。在新菜品研制、厨艺培训、交流方面也有许多规定和措施，以确保不同原料的利用和出新。

点评：成立中心厨房不仅使菜品质量得到充分的保障，而且也合理地利用了原材料，减少了分散加工的人员浪费。

厨房生产的任何产品都是要经过很多工序制作完成的。炉、案、碟、点，岗位不同，其生产工艺流程也是千差万别。如何把握生产加工这个关键，是不少饭店的厨房管理者所关心的热点。因为这一工作是整个厨房生产制作的基础，其加工品的规格质量和出品时效对以下阶段的厨房生产将会产生直接影响。除此之外，加工质量还决定原料出净率的高低，对产品的成本控制亦有较大关系。

1.4.1 厨房生产的革新与发展

现代厨房生产已随着社会的发展而不断地突飞猛进。以烹饪食物的方式来说，由于生产力的发展，烹饪食物并不仅限于在炉灶上的手工操作，不少菜品，特别是可以作为主食、副食兼用的某些菜肴、点心、小吃等，既可由厨师手工制作成品，也可由企业的专用生产线、食品业的加工厂或食品厂用半机械、机械和自动化机械生产出来。

1）传统手工烹饪的优势与不足

（1）传统烹饪的优势

传统的手工烹饪在我国烹饪历史上曾经有过辉煌的成就，并在社会发展的进程中还将永远地存在下去。传统手工烹饪存在的价值，在于它能对人们不断变化的食品需要，作出迅速而灵活的反应。它能够向人们提供上万种菜点，以满足人们想吃风味食品的愿望，满足人们对饮食情趣的追求，满足人们低至大众宴席高至满汉全席的饮食欲望。它在菜点风味特色方面还将发挥着很大的作用。正如钱学森先生所言："烹饪产业的兴起并不会取消今天的餐馆，这就像现代工业生产并没有取消传统工艺品生产。今天的餐馆、餐厅和酒家饭店，今日的烹饪大师将会继续存在下去，并会进一步发展提高成为人类社会的一种艺术活动。"（图1-22）

图1-22　传统烹饪技艺——食品雕刻

传统手工烹饪的存在价值，还在于它有与食品工业不同的菜点创作特点。

①个性化体现出餐厅不同的魅力。就传统烹饪来说，由于手工的制作特点，不同的烹饪大师有着不同的制作特色，这也产生了不同餐厅的风格和风味优势。烹饪虽然也讲究菜点的制作规范，有一定的模式，但菜点上桌入席，则往往受厨师的文化素质、艺术素质、科学素质和技能高低的制约，有明显的个性特质或个人风格，甚至带有难以避免的随意性。

②地区性显现出不同的风味特色。不同的地区形成了各不相同的风味特色，世界各地都是如此。东西南北中，各地厨师的烹饪操作技能虽有相通之处，但更多的是各自的地方色彩。正是因为有浓郁的地方色彩，烹饪出来的菜点才具备多样化的风味。这也是形成世界各国、各地菜品风味差异的主要原因。

（2）手工烹饪存在的不足

中国传统的厨房生产以手工操作为主，一般的厨房每天需要提供数百种菜点，这些产品的原料都是通过厨师们一个一个地刀切加工、擀制包捏而成，效率低，产量小，特别是较少与其他部门发生物质经济联系。厨房每天加工的工作量十分繁重，完全依赖于体力和技巧。由于产品生产是手工操作，每一位厨师的手艺有差异，因此在产品生产过程中就显现出以下不足。

①生产劳动强度较大。厨房生产依赖于手工，导致劳动强度大。这是因为：第一，工具、用具的笨重，铁锅、汤桶、油盆、厨刀，轻则上千克，重则达百斤；第二，长时间持械操作的劳累，厨师借助于器械加工原料、制作菜肴，或切、或炒、或端、或倒，无不消耗较大的体力。

②生产制作速度较慢。手工操作相对于机械生产来说，生产速度比较慢，而厨房生产的菜点在内容上、形式上、数量上、制作方法上都不相同，客人来餐厅就餐，对菜点的需求往往表现为个别定制，菜点内容变化较大，手工不仅难保产品的质量，而且影响制作速度，这是传统烹饪生产的一大弊端。

③菜品质量难以稳定。由于菜品生产是手工操作，每一位厨师的手艺各有差异，生产人员的体力、耐力不同，认识水平不一致，判断、解决问题的方式、角度不一样，加之烹饪技术特有的模糊性和经验性，自然也会造成生产产品的千差万别。即使是同一位厨师，在生产制作中往往也会因体力、情绪、环境等因素，而造成产品质量的差异。

④生产成本较难控制。手工操作的菜品因不同人的加工技巧不同或同一个人在加工时的工作境况不同常常会出现一些误差，加之单个生产的特殊性，很容易造成批量生产中每天成本核算时的差异。特别是厨房工作人员的技术力量、主人翁精神以及管理人员的生产管理力度和厨房生产出品的控制手段等，都可能使生产成本呈现频繁波动的特征。

2）现代烹饪的特点

现在是传统手工烹饪与现代工业烹饪并存的时期。这种状况将会持久地延续下去。现今手工烹饪仍然存在，仍在发展。

随着社会经济的不断发展，纯粹依赖手工操作已越来越显示出许多不足之处，特别是在大工业生产中更加突出。所以，饭店菜品的生产将随着生产力的发展，逐渐向半机械、机械甚至自动化机械生产的方向发展（图1-23）。现代烹饪除部分手工烹饪以外，将在原有手工烹饪的基础上向工业化的食品生产加工方向变化，即由手工操作变为机械生产，由加工一道菜、一种点心变为生产上百上千甚至上万成批的菜点，由厨房单个加工变为工厂的车间。厨房内的许多大宗食品原料也由过去厨师在厨房加工逐渐地由工厂取代，正像过去从分档取料、剔骨铲皮开始的肉类加工发展到工厂处理加工一样，各种食品原料通过工厂加工，以分门别类的包装，满足厨房菜品制作的需要。未来厨房的食品加工将会逐渐地依赖工厂车间生产，食品原料的半成品将成为厨房原料的主流，而只有小批量的和企业特殊生产工艺的菜品是由自己厨房加工完成。

图1-23 现代化烹饪

随着厨房生产或加工食物的方式方法的变化，烹饪的社会性日益增强，人们对饮食营养保健和审美要求也日益提高。科学技术和生产力的发展，使食品机械加工大量地走进了现代厨房，在传统手工操作的基础上，半机械、机械和自动化机械生产成为当今厨房生产、加工的主要特色。烹饪机器是从手工烹饪脱胎而来且与手工烹饪加工并无根本区别，但由于加工方式上的变化、生产数量上的变化以及加工场所上的变化，其生产方式具有规模化、规范化、标准化等优势，既减轻了手工烹饪繁重的体力劳动，又使大批量的食品品质更加稳定，并能适应人们快节奏的生活需要。因此，从事厨房管理工作的人员，也应当密切关注现代科学技术在烹饪行业的发展，大力提倡现代设施设备在烹饪操作过程当中的合理运用。

许多现代化的厨房设备还可弥补传统设备的缺陷，如中式油锅是锅底受热，炸猪排时，炸不了多久，油就发黑、黏稠；运用现代化的油炸炉后，由于加热器设在中部，因此油锅下面温度低、上面温度高，油渣可以下沉，油能保持干净，既保证了产品的质量，又减少了浪费。

现代烹饪设备的运用，为餐饮企业的发展壮大提供了许多物质条件。企业要获得最大效益、求得最快的利润增长速度，就必须按照现代厨房规划的设计。现代厨房在硬件上应达到设备现代化、配置合理化、操作顺序化、功能多元化；在软件上应达到管理科学化、工作规范化、分工明确化、质量标准化。

1.4.2 现代厨房加工中心的设计和建立

随着商品经济的发达，市场体系的完善，社会运行节奏的加快，人民生活水平的提高，烹饪社会化的需求急剧扩张，家务劳动特别是饮食社会化成为多数人的迫切愿望，而烹饪专业化则是饮食社会化的前提条件。在饭店企业内部，专业化把企业在多种经营条件下各个分散点和各生产单位分散的小批量生产，转换为集中的大批量生产，这就有利于采用专用烹饪设备、先进工艺及科学的生产组织形式与管理方式，从而增加烹饪制成品产量，降低成本，为中餐菜点工业化生产提供可能，同时也发挥了规模化经营的经济效益。

规模较大的饭店或餐厅、厨房较多的大酒店可通过建立"中央工场"，对饭店内部或连锁分店的餐厅、厨房实行统一采购、集中储备、集中加工，把加工后的原料或半成品送至各店铺厨房，使其稍作加工烹调便可出售，既能保证产品质量、降低产品成本，又能减轻分厨房负担，加快经营效率。

饭店利用中心厨房生产，将厨房加工变为工厂的车间是当前餐饮的一大生产风格。对于饭店企业来说，就是将分散的、零星的厨房或店铺原料加工集中起来，由一个专门的原料加工小组统一进行，形成一定的加工规模，使各个厨房分享效益。而且保证了各厨房产品的质量标准，统一了产品的规格水平。每个厨房根据菜单的要求和经营的状况每天提前通知加工中心，各厨房不需再用人员加工原料，这样大大减轻了分厨房的负担，同样也降低了各厨房的加工费用和人员消耗的费用。

在有条件的饭店和酒楼，特别是有多个厨房的饭店，为了合理利用原材料，最好的方法就是设计厨房加工中心。将各个厨房每日所需的各种原材料总量汇总，根据每日生产任务情况统一负责订料，并根据各种菜品的加工规格统一加工，这样不仅节省人力，而且将原料合理分理、分档，最大限度地充分利用原材料，减少浪费和损耗，还能起到保质保量的效果。目前，许多地区的大中型饭店都考虑到原材料的利用，设立了原材料的"加工中心"，将购进的原料进行充分合理的加工。加工中心由一名厨师长负责，带领一个小组几名厨师，将饭店各个厨房的原料加工的工作全部承担包干，厨房各点每天下午把第二天所用的原料单送至加工中心，加工中心每天统一备货生产，根据各分点的不同规格、不同需求量配齐所需原料，第二天根据事先制订的时间，各厨房点凭原料单按订购数去中心领货。加工中心专门从事原料的订货、加工、发派以及原料涨发等工作，为厨房生产统一规格创造了条件。

1.4.3 现代厨房加工质量控制标准的制定

烹饪原料的加工控制，就是要求做到标准化、规范化，合理地加工原料，努力提高净料率，减少加工过程中的各种浪费，使加工半成品的成本得到有效的控制。

原料的加工是菜点生产的前提。如果原料加工无标准或不合格，菜点生产不但可能出次品，而且还不可避免地会增加成本，减少盈利。要使采购进来的原料发挥最大的作用，产生最高的效益，制定统一的加工规格标准是非常必要的。

加工规格标准，包括加工原料的名称、加工数量、加工时间、加工方法、加工质量指标等内容。这些方面必须明确执行，如加工质量指标，必须明确、简洁地交代加工后原料的各项质量要求，主要包括原料的体积、形状、颜色、质地，以及口味等。

原料质量、价格，由加工中心与采购部洽谈，饭店设立价格小组，与多家供货商每月报价一至两次；财务部有市场调研员，调查价格行情；厨房内部了解周边的价格行情。各部门之间互相监督，将原料价格控制在最低点。如美国中式快餐店"聚丰园"的中心厨房，从采购到加工厂都有严格的控制标准，对原料的冷冻程度、排骨中骨与肉的比例等都有具体规定。标准化生产必须严格按程序操作，把厨师个人对菜肴的人为影响降到最低，乃至可以大量使用年轻的非熟练工人，重复地执行一定程序的操作任务，生产品质相同的产品。

【课后练习】

1. 传统厨房与现代厨房的比较，它们各自有什么特点？
2. 厨房在饭店、餐饮企业中的地位是怎样的？
3. 厨师长在厨房管理中担负什么样的角色？
4. 如何确定厨房生产人员数量？
5. 厨房组织结构设置的原则是什么？

单元2

厨房人力资源及其技术管理

【知识目标】

1. 掌握厨房技术管理的要求。
2. 了解厨房生产目标的实施。
3. 掌握调动厨房员工积极性的方法。
4. 了解影响厨房生产效率的因素。
5. 了解团队在厨房生产中的作用。
6. 掌握厨房员工培训的内容和方法。

【能力目标】

1. 提高厨房员工的专业素质和工作能力，使其能够胜任岗位任务。
2. 增强厨房员工的团队合作能力，提高工作效率和协作效果。

【素质目标】

1. 培养学生追求真理、勇于创新的科学精神，形成正确的学术态度及价值观。
2. 培养学生爱岗敬业以及团队合作精神。

【单元导读】

厨房员工是餐饮企业不可或缺的生产者，一个好的厨房组织必然有一个技术过硬的团队。厨房生产人员与技术管理已成为现代厨房管理工作的中心任务。有效的员工管理也是稳定厨房员工队伍、激发员工活力、提高工作效率、不断开发产品的有利途径。本单元系统介绍了厨房技术管理、生产效益管理、团队情商管理的有关内容，同时对厨房员工激励和技术培训等方面进行了论述，为厨房管理者进一步调动员工的积极性提供了有益的思路。

任务1 厨房人力资源与技术管理概述

【引导案例】

世纪宾馆在员工的管理上大胆创新，走出常规，在及时奖赏优秀个人和微笑大使的时候，又推行了"过失单重罚制度"，并将工资收入与个人表现、工作绩效切实挂起钩来。他们推出了"单据记载，小错重罚"制度，力求防患于未然。

在员工签到打卡的登记处，有块醒目的"过失表现"告示牌。告示牌上分部门分级别地登记了最近一周整个宾馆的好人好事及违纪过失情况，以及宾馆的表彰和处理意见。告示牌上迟到、早退是常规内容，连员工随意串岗、离岗都在记录之列。

厨房有一位年轻厨师，菜做得不错，是宾馆的业务骨干，但是自我要求很不严格，总是不遵守酒店规章制度。有时不戴厨师帽，有时又溜出厨房到宿舍里打个盹。厨师长的批评他左耳进，右耳出，"虚心接受，死不悔改"，一派逍遥自得。时间一长，连一些新进的员工都受其影响变得懒懒散散了。自打"过失表现"告示牌挂起来后，他的名字屡屡曝光，酒店上下全都知道了。这可比厨师长一人的劝告厉害得多，人都爱面子，况且还有随之而来的重罚。没多时，他便又勤奋守纪，一如当年的学徒样。

每位部门经理和厨师长都有一个"好事记录本"和"过失登记本"，记载本部门当天发生的好人好事及其违纪过失现象。对于由顾客投诉和管理人员发现的违纪现象，一经核实，部门经理立即开出过失单，一式四份，员工自留一份，部门存档一份，总经理室一份，财务室一份。罚款额度视过失性质和影响程度而定。对于重大过失的处罚则更是毫不手软，不留过失单重罚，使每个员工都养成了自觉遵守规章制度的好习惯，以往那种上有政策、下有对策的懒散作风基本上绝迹了。

点评：采用好的管理制度，加上激励机制到位，就像给生产设置了一个轨道，让员工的行为都在这个轨道的规范下进行，不越轨，协调有序。

当今社会，餐饮企业的管理已经从过去单纯追求经济效益，转为越来越重视品质，实施以人为中心的管理。人本管理逐渐成为企业界关注的热点，因为它符合时代的潮流，符合企业发展的趋势，符合企业发展的本质要求。人力资源是未来经济竞争的焦点所在。

厨房是一个特殊的劳动密集型的场所，厨房所有的产品需要广大员工按流程一件一件地去完成，而且很多是手工完成。应该说，厨房生产完全是技术性的活计，其技术好坏对产品质量关系重大。高档的烹饪原料需要技术较高的人员去进行加工烹制，才能成为美味佳肴；先进的厨房设备，也需要有懂设备的人来使用和保养。假如厨房中没有高素质的生产人员，再高级的原料、再先进的厨房设备也很难生产出优质的菜点。因此，要搞好餐饮企业的经营管理，其关键是抓好厨房的技术管理和劳动力管理。

2.1.1　厨房人力资源管理的意义

餐饮行业是以人为中心的行业，厨房的管理，说到底就是人的管理。管理学家福莱特认为，管理是一种通过人去做好各项工作的艺术。因此，加强厨房人力资源的管理，具有极其重要的意义。

1）保证企业经营活动顺利进行的必要条件

厨房生产是以手工技术为主体的劳动，其产品工序多，流程复杂，它需要的是技术性强的工作人员。说到底，厨房生产活动离不开人和物这两个基本要素，而人是业务经营活动的中心，是一种决定因素。厨房员工的劳动不是一种孤立的个体劳动，而是一种协作的社会劳动，它需要炉、案、碟、点各岗位的协同作战。因此，要保证餐饮经营活动的正常进行，首先必须合理招收员工（具有一定数量和质量的劳动者），并科学安排、处理、调整、考评人与人之间、人与事之间的关系，使其有机地结合起来。而这些正是厨房人力资源管理的基本职能。

2）提高企业素质和增强企业活力的前提

厨房生产，人的因素是决定因素，不同的员工会有不同的产品质量，也就会有不同的企业素质。在市场经济的条件下，餐饮企业要想在竞争中站稳脚跟，打开局面，就必须提高企业的素质，增强企业的活力，而企业的素质，归根结底是人的素质。至于企业的活力，其源泉在于企业员工主动性、创造性和积极性的发挥。众所周知，人是有思想有感情的，其积极性的发挥，不是光靠发号施令或上级下一道指示，只有采用现代化的方法，进行科学的管理才能解决。所以，提高员工素质，激发员工主观能动性的充分发挥，是提高企业素质、增强企业活力的关键。

3）提高餐饮质量、创造良好效益的保证

餐饮企业是通过向顾客提供食品来获得效益的经济组织。由此可见，食品质量的好坏、服务质量的优劣是企业能否取得良好社会经济效益的决定因素。仅有一流的设施设备、漂亮的装潢是很难吸引顾客前来消费的，还需要有一流的产品质量、优质的服务，它需要全体员工的劳动才能发挥效能，决定企业产品质量高低的关键还是员工的有形产品和无形服务。这些有形产品和无形服务的好坏在于全体员工的服务意识、精神状态、心理素质、身体状况等精神因素和操作技术、服务艺术等业务水平。因此，质量优劣实质上是员工素质好坏和积极性高低的体现。要提高产品质量，以取得良好的社会效益和经济效益，就必须努力搞好人力资源的管理。

2.1.2　厨房技术管理与开发

一个饭店、餐馆的成功经营，应在巩固和发扬自身特点的同时，不断推陈出新，以激发顾客的消费欲望，稳定和扩展企业经营所需的客源，从而提高企业的经营效益。厨师长可以运用他独到的专业能力，使厨房形成一种团结、敬业的良性竞争工作氛围。同时能对厨房各级员工进行定期的专业技术和思想意识的培训，以提高厨房工作人员的整体素质，在工作中及时发现存在的不足和各环节的利弊，最后进行各项汇总。因此，要管理好厨房，厨房的规范管理是非常重要的环节。

1）厨政管理的全局意识

作为厨房管理者，上任就职以后要有自己的思路和设想，但这一点必须结合饭店特色并要求切实可行。厨师长要树立自己的威信，一切从企业的大局出发，从自身做起，善于团结厨房所有工作人员，把工作的重点放到生产与经营管理之中，并在饭店总体管理思路下，合理地控制成本，最大限度地满足客人的需求，为企业创造最大的社会效益和经济效益。

餐饮部是前台和后台共同组成的，具体来说，他们与宴会预订、餐厅、采购、财务等多个部门相联系。在经营中，应明确"厨房服从前台，餐厅服从客人"的运作程序，不必在工作中过度计较孰是孰非。管理者要敢于面对现实，一切以顾客的需求为中心。

厨房管理应在企业总体管理思路之下，运用科学管理的方法，加强厨房生产与运作管理，发挥和调动厨房各方面的因素和力量，为饭店创造良好的餐饮声誉和经济效益。不仅如此，厨房管理还必须保持随时满足客人对菜品的一切需求，及时提供优质适量的各类菜点，保持始终如一的产品形象。

有些厨房管理人员，认为厨房的一切成功归于自己领导有方，而不去谈论员工的辛勤劳动。相反，遇上客人投诉、领导批评，则一股脑推向某某厨师，好像与己无关，这样往往会挫伤广大厨师的工作热情，还会导致许多厨师尽量少做事，以便少出差错。管理者要真心实意地敢于承担责任，并愿意与下属分享成果。正如南京某五星级饭店行政总厨在获得全国旅游系统劳动模范时所说："我所取得的成绩，如果没有上级领导的正确指导，没有厨房这么多弟兄的鼎力相助以及前台人员的密切配合，是绝对不可想象的。"

2）有效实施技术管理

在厨房生产中，要形成一个有序的指挥链，要求每一位员工或管理人员原则上只接受一位上级的指挥，各级、各层次的管理人员也只能按级按层次向本人所管辖的下属发号施令。企业不应要求任何人同时受命于数人。实施技术经济责任制是企业技术管理的重要方法。特别是饭店、餐饮企业以手工操作为主，技术水平、产品质量和服务质量在很大程度上取决于技术人员的主动积极性和创造精神，这是由饭店、餐饮企业技术管理的特点决定的。只有认真执行技术经济责任制，按技术和能力定岗位，才能培养和造就大批专业技术人才，才能充分调动和发挥广大技术人员的潜力，提高企业的技术水平。

在厨房管理中，要强调责、权、利对等的原则。"责"是为了完成一定目标而履行的义务和承担的责任；"权"是指人们在承担某一责任时所拥有的相应的指挥权和决策权；"利"是根据人们的技术劳动所产生的效益状况给予相应的报酬。权力意味着责任，如果一个人有权力去做某件事，那他就要对这件事的后果负责。技术经济责任制是企业经营承包管理责任制在技术管理方面的运用，认真执行技术经济责任制，必须要与责、权、利相结合，坚持技术人员的劳动所得与劳动成果相匹配，即一般劳动与复杂劳动、高难度劳动与低难度劳动的区别要与经济利益挂钩。它要求管理者做好以下三个方面的工作。

①制定管理制度，对不同工种和不同岗位的技术人员，规定明确的要求和责任。

②加强对专业技术人员的教育和培养，做好劳动考核，充分调动技术人员的积极性。

③合理分配劳动报酬，要把技术人员的贡献大小与工资待遇挂钩。

对于确有专长的技术人员，在工资未作相应调整以前，可以发给适当技术津贴，推行技术经济责任制是对技术操作的规范与限制，使技术操作人员的产品稳定在出品的范围内，它是对技术操作人员的管理手段。

3）加强新技术新产品的开发

开发菜点新品种已经成为厨房管理工作的一个不可忽视的内容，特别是当今餐饮的激烈竞争，企业的发展"不创新，便死亡"，创新意识已经深入企业内部。许多饭店在菜品开发方面制定了一些制度，有条件的饭店组织骨干人员成立"菜肴研究小组"，如许多企业组织骨干人员定期研制新菜；有些饭店制定了"末位淘汰制"，每年淘汰最后两名人员，还有些饭店根据厨房岗位、津贴的不同制订了创新菜计划指标，如某酒店规定，各岗位人员除了完成日常工作以外，还要主动出新品，要求头炉每个月出两个新菜，二炉每个月出一个新菜，三炉两个月出一个新菜。许多管理者认为，如果制度定得不紧，要想有新的菜品出现是较难的。一个饭店、一个部门上去难，要垮下来很容易。许多大饭店一直是这样孜孜以求的。

许多厨师也认为，如果单位每个人的工资都一样，会影响大部分人的工作积极性。厨房内部也要有竞争，要看大家的表现和工作热情，水平高的厨师干不出活，或没有责任心，绝不能被重用。厨师在工作中必须要有责任心，常出差错的人容易给企业带来损失。厨房的工作，不只是简单地完成任务，而是要主动并不断地推出新品。

除了要求厨师常出新菜，饭店也要提供各种机会让骨干厨师走出去品尝、学习与交流，或请名师到饭店指导交流，注重加强厨师的培训。对于饭店定期开发的新菜，可利用中午时间每周一次进行探讨、交流，将创新菜进行演示培训，让厨师们学习，使人人皆知基本方法和特点。

稳定的出品质量是引客、留客的关键。然而产品的生命更在于创新。因为只有不断地创新产品才能吸引顾客，达到留住客人、吸引新客人的目的。同时创新可以激发员工的创造性，提高企业内部的活力，增强员工对企业的归属感，给企业更大的自由发展空间。厨房管理者也要进一步增强员工忠于企业、热爱本职工作的荣誉感和责任心，为企业可持续发展积蓄后劲，开辟广阔之路。

4）建立厨房技术档案库

餐饮企业需要根据自己经营的特点在企业内部建立多种技术档案，将经营多年的菜品、美食活动、人员安排状况建立内部档案资料库，这是企业内部技术资源的重要组成部分。它便于以后厨房开展技术培训和美食活动，成为企业内部最有价值的参考资料。从经营策划的角度来说，企业和厨房内部应该加强技术资料的收集整理、分类、储存，方便为技术研究、技术开发和新产品开发创造条件，可以挖掘、继承和总结优秀历史文化遗产；另外，可以通过信息传递，对技术人员提供各种帮助。

厨房或餐饮部门技术档案的各种技术资料要根据企业的技术特点来建立，有的需要采用文字记录，装订成册；有的需要设计表格；有的需要采用卡片记录；有的可以采用录音、录像。技术档案的内容要根据技术性质分类，一般可以分为以下几种技术档案。

①专业技术人员档案。内容有技术人员的简历、文化程度、年龄、专业、工种、技术

等级、擅长绝技、业绩、技术成果等。

②专项技术的资料档案。如全国或某省烹饪大赛的资料，内容包括创新菜品、传统菜品以及近几年来的流行菜品；有关"满汉全席"的资料收集和各地举办满汉全席的情况介绍等。

③专门技术活动的资料档案。历年来本店举办美食节活动的菜单、应聘人员、餐厅布局与装饰、物品和菜品的展示等。

④日常菜单资料档案。这是企业产品的历史记录，如时令菜、节日菜，年复一年，到时更替，过后存入档案，来年可作参考。

⑤外来餐饮活动和菜品信息的记录档案。主要收集同行业的企业菜品信息，包括本地、外地的各种菜品资料、美食节策划、促销活动的安排等，便于企业自身经营开发时使用。

2.1.3 厨房人力资源管理目标与绩效考核

任何管理活动都必须有一定的目标，否则就没有方向。厨房内部人力资源管理的基本目标是提高厨房的劳动效率。厨房劳动效率是衡量厨房技术和管理水平的重要标志，是考核餐饮经营情况的一项综合性经济技术指标。

1）厨房人力资源管理的基本目标

根据厨房人力资源管理的基本目标，其具体要求如下。

（1）造就一支技术过硬的厨师队伍

餐饮经营要取得良好的经济效益不仅应有一定数量的员工，而且这些员工的质量要符合企业业务经营的需要。任何一家餐饮企业想在竞争中取胜，必须重视造就一支优秀的厨师队伍。优秀的厨师队伍是不会自发形成的，必须通过一系列专门的人力资源开发管理工作，并经过一定的时间才能逐渐形成。首先要根据企业的经营发展的要求，广开才路，招纳贤才，形成一支符合企业经营业务要求的员工队伍。其次，要加强员工队伍的培训和提高，不仅要提高其业务素质，也要提高员工队伍良好的思想品德，强化服务意识。最后，要通过科学的管理和有效的激励方式，激发员工的主动性和创造性，使员工热爱企业，热爱本职工作，各尽所能地发挥最大的效用，最终形成一支高素质的优秀员工队伍。

（2）使厨师队伍得到优化组合

厨房管理者需要设立一个科学、精练、高效的生产运转系统，就必须组织一支技术好、能干活的厨师队伍。一支优秀的厨师队伍，必须经过科学合理的配置，才能形成最佳的人员组合。因此在企业生产经营和管理活动中，要做到岗位明确、职责分明、权责对等、各尽所能，使每个员工都能人尽其才，才尽其用，发挥最大的工作效能，形成一个精密、有序、高效的劳动组织。这样，员工的积极性调动起来了，工作效率就可以提高，产品的质量就有了保障；关心集体、敬业乐群，对技术精益求精的风尚和精神就可以形成并发扬光大。

（3）创造和谐的劳动工作环境

现代厨房在生产运行管理中，管理者需要运用情感管理，配合经济的、法律的、行政的各种手段和方式，激发厨房员工的工作热情，这是管理者的工作任务。人的管理实质并

非"管"人，而在于"得"人，谋求人与事的最佳配合。天时不如地利，地利不如人和。一个企业不怕没钱，不怕设备落后，最怕人心不和、士气低落。因为没有钱可以赚，也可以借；没有设备可以造，也可以买；但失去了人才和人心，则一切都没有了。企业的人力资源管理，就是要通过各种有效的激励措施，创造一个良好的人事环境，从而使员工安于工作、乐于工作，最大限度地把自己的聪明才智和积极性发挥出来。

2）绩效考核与合理分配

厨房生产一贯是工作分级的，即划分工作岗位等级。具体来说，就是将厨房中所有的岗位，按其劳动的技术繁简、责任大小、强度高低、条件好坏等因素，划分为若干相对等级。实行考核制度，实际上就是对员工工作数量和质量考核的具体内容和要求的规定。这两项工作的好坏，直接关系到劳动报酬分配的合理与否，必须予以重视。

（1）绩效考核

绩效考核是厨房管理的基础工作。绩效是指个体能力在一定环境中表现的程序和效果，即每位员工在其工作岗位上所作出的成绩和贡献。这种成绩和贡献主要通过能完成的工作的数量、工作的质量、工作的效率、工作的效果几方面来体现。工作绩效对组织来说可以反映出一个组织的效率、功能、生命力、作风等，对个体来说可以反映出一名员工的知识、能力、素质和品德。

绩效考核就是检验、评价、衡量其要求达到与否，程度如何，原因何在，因此，考核的内容和标准要紧紧围绕岗位工作的要求，说到底，就是每个岗位的职责、职权和职能。没有这些客观的依据，就没有明确的考核尺度和标准，就做不到对员工的工作绩效作出恰如其分的评价。在考核中，要将考核与个人利益紧密联系，即针对考核结果进行必要的奖惩结合，赏罚分明，进而与薪资分配、人事变动、培训进修、发展机会等配套挂钩。

绩效考核包括劳动出勤、劳动责任和劳动质量三个方面。劳动出勤是员工劳动态度的重要方面；劳动责任主要考核实际工作中的表现，如工作中的主动性、积极性、工作效率、是否完成任务、服务态度等；劳动质量包括工作质量、生产质量、差错、事故、安全、卫生等。

绩效考核还包括接受任务时是否服从命令，听从指挥，勇于主动承担艰巨任务，千方百计提高产品质量，满足顾客需要等。在考核中，有逐级逐日全面考核制、月终综合评定考核、过失记录考核等。其途径有上司考核下属、自我考核、下属对上司的考核和同级之间的考核等。

（2）合理分配

每个员工的需要都是多样的，但就其满足的手段来说，最基本的有两个方面，即物质刺激和精神鼓励。就社会分工而言，劳动仍然是人们谋生的手段，对物质利益的追求是人们从事一切社会活动的物质动因。因此，要有效地调动厨房员工的积极性，还必须坚持物质利益原则，加强物质刺激。根据企业的实际情况，主要抓好三个基本环节。

①加强劳动报酬管理，搞好按劳分配。劳动报酬是员工收入的主要来源，是保障和改善员工生活的基本条件。劳动报酬分配总的原则是"各尽所能，按劳分配"，如何执行这一原则，企业还需有具体的原则作保证。在分配中主要有：一是"两个挂钩"原则，即劳动报酬的高低与企业的经济效益好坏、劳动者本人的劳动成果多少挂钩。二是奖优罚劣原则、劳动报酬既要相对稳定但又要有灵活性，必须体现干多干少不一样、干好干坏不一样。

②关心群众生活，完善福利制度。多年来，餐饮企业提倡"爱店如家"，但首先要考虑企业有值得员工爱的地方，只有重视解决员工的实际问题，才能激发员工的自豪感、归属感，增强企业的凝聚力。否则，就难以使员工全心全意做好服务工作。如做好员工食堂及其附属设施的建设，包括食堂更衣室、浴室、员工活动室等，做到清洁、整齐、设备基本齐全，这是保证劳动力再生产的必要条件，也是塑造员工所必备的条件，同样必须予以重视。

③创造良好的环境，增强员工的安全感。厨房工作环境的好坏直接影响到产品的质量、生产效率和生产人员的工作情绪。厨房的空间、噪声、通风、光线、排水等，是厨房硬件中最为敏感的，也是影响产品质量的主要因素；人员之间的协作、友好、创新的良好氛围是提高厨房工作效率的重要内容。良好的环境能提高厨房员工的工作积极性，其主要体现在三个方面：一是舒适、整洁、安全的工作环境；二是安定、和睦、欢乐的生活环境；三是团结互助、平等友好的人事环境。

任务2 员工激励与效率管理

【引导案例】

一位人事管理专家在认可激励优先原则的时候指出，给予员工的激励要恰到好处，也就是说"苹果的高度要适当"。如果我们将苹果的高度挂在了他们始终摘不到的地方，他们就会失去信心；如果放得太低，他们可以毫不费力，甚至不劳而获就得到了，这不仅使企业会付出很高的成本，而且还会腐蚀员工队伍。

某著名餐饮企业每月、每季度由各班组员工和顾客选出最优秀的员工，最后由经理或厨师长负责确认每月、每季度的先进人员，对每月多次评为先进工作者的人员分别给予奖励。他们将旅游活动与提高员工的业务素质结合起来。每年选拔一定数量的优秀员工，送他们到中国香港、新加坡，甚至日本、欧洲旅游。看似旅游，却并非简单的旅游，而是带着考察、学习任务去旅游，把发达地区和国家的饭店、酒楼先进的管理和服务、新颖的烹饪技术和菜品学回来。所以，十几年来，无论是在菜品质量上，还是在服务的意识及内容上，他们在全国始终保持着领先地位。

四川某酒楼的周年庆活动和中秋、春节联欢会，他们每次都发动骨干人员将业务知识、专业知识编成小品、谜语、抢答题，穿插在活动中，使活动既生动活泼又联系工作实际，不知不觉地将晚会变成了第二课堂，也调动了员工工作的积极性。

点评：在具有完善的制约机制条件下，要尽可能地多用激励机制，多做加法，少做减法，这样才会让大多数员工保持较好的精神状态。

厨房管理的水平高低，生产组织是否合理有序，生产工艺先进与否以及员工的工作热情如何，都可以从厨房的生产效率中体现出来。一个生产效率高的厨房必然凝聚着全体管理人员和员工的汗水和智慧，这个生产集体必然具有很强的凝聚力。相反，一个纪律松懈、人心涣散的员工队伍，其生产效率必然低下。

2.2.1 调动员工工作积极性的激励方式

一个厨房的管理成功与否，在很大程度上取决于厨房最高管理者。厨房管理者应该具有超前的管理意识，他们的一言一行都会影响到每位员工的工作热情。在团队中，管理者应具备博大的胸怀、崇高的思想境界，在厨房管理过程中勇于承担一切责任，而厨房工作所取得的成绩应归功于全体厨房员工，这是他们智慧和汗水浇灌的结果；出现了错误也主要是自己管理不善所造成的，而成绩功劳是大家齐心干出来的，具有这样胸襟的厨师长是没有理由管理不好厨房的，厨房的工作效率也没有理由提不高。

调动厨房员工的积极性，就是激发广大厨师的工作热情，促进员工的工作行为。人的行为是由动机支配的，而动机又是由需要引起的。所以，要激励员工的行为首先必须从员工的需要出发。

激励是调动厨房员工积极性的主要方法之一。人的行为需要激励，通过恰当而有效的激励，能唤起人的潜在的行为动力，获得意想不到的积极效果。

1）需要激励

需要激励是企业中应用最普遍的一种激励方式。其理论基础是美国心理学家马斯洛的需要层次理论。他把人们的需要分成五个层次，即生理需要、安全需要、社交需要、自尊需要和自我实现需要。厨房管理人员要按照每一个员工对不同层次需要的状况，选用适当的动力因素来进行激励。管理者在采用激励手段时，要注意处理好物质激励与精神激励两者之间的关系。但是，要注意把物质奖励和员工的工作成绩、工作表现以及努力程度很好地结合起来，搞平均主义、吃大锅饭会使物质奖励失去应有的激励作用。

当然，人的需求往往是多方面的，常常既有物质方面的，又有精神方面的，厨房管理者要注意综合运用这些激励因素。

2）目标激励

心理学家研究表明，激励要利用振奋人心、切实可行的奋斗目标，才可以达到激励的效果。目标管理方法促使每一位员工关心自己的企业，使之成为提高士气和情绪的原动力。目标体系包括企业目标、部门目标和个人目标。在确定目标时，应注意目标的难度与期望值，目标过高或过低都会降低员工的积极性。目标的制定要多层次、多方位，但最重要的是制定员工工作目标、晋升目标、业务进修目标等。需要注意的是，在制定目标时一方面要根据企业的特点切合工作实际，另一方面要对工作目标的执行情况进行监督，对违反工作目标的行为加以纠正，必要时要进行惩罚。管理者要清楚，制定目标是为了激发员工努力工作的热情。

3）情感激励

人对事物的认识和行动都是在情感的影响下而完成的，因为人非草木，孰能无情，情感激励是针对人的行为的最直接的激励方式。感情联系是无形的，它不受时间、空间限制，与有形的物质联系相比较，能产生作用更为持久的效应。情感激励的正效应可以焕发出惊人的力量，使员工自觉地努力工作，而负效应则会大大地影响员工的工作情绪。情感激励的关键是管理者必须用自己的真诚去打动和征服员工的感情。真正地尊重、信任和关怀员工，管理者对下属员工的爱护、关心和体贴越深、越周到，越有利于在员工心中形成和谐的心理气氛，使他们热爱自己所工作的环境。一个好的管理者应具有用饱满的激情感染和激发员工工作热情的能力。

4）信任激励

管理者充分信任员工并对员工抱有较高的期望，员工就会充满信心，员工在受到信任后，自然会产生荣誉感，增强责任感和事业心。这样的员工愿意承担工作，更愿意承担工作责任，同时也愿意在自己工作和职责的范围内处理问题。对他们应明确责、权、利，即使各项工作的标准定得稍高一些，他们也会通过努力工作去设法达到。他们希望在完成任务时遵循规定的程序和标准，不希望管理者过多地干涉他们的工作。如果管理者紧抓权力不放将使下级感到领导对自己不信任，从而影响其工作积极性。管理者在用人方面必须做到"用人不疑，疑人不用"，信任下属，使下属感知到领导的信任，满足其成就欲，以达到激发工作热情的目的。

5）榜样激励

榜样是实在的个人或集体，显得鲜明生动，比说教式的教育更具有说服力和号召力。榜样容易引起人们感情上的共鸣，给人以鼓舞、教育和鞭策，激起他人模仿和追赶的愿望。这种愿望就是榜样所激发出来的力量。在运用榜样激励时，要注意所树立的榜样必须具有广泛的群众基础，真正来自群众。

企业管理者的行为本身就具有榜样作用，领导者自身无时不产生着一种影响力，其工作态度、工作方法、性格好恶甚至言谈举止都会给下属以潜移默化的影响。管理者应注意树立自身的良好形象，成为有效激励员工的榜样。

6）惩罚激励

惩罚激励是对员工的某些行为予以否定和惩罚，使之减弱消退，以达到强化来激励员工的目的。管理者利用恰如其分的批评、惩罚手段，使员工产生内疚心理，以消除消极因素，并把消极因素转化为积极因素。

惩罚激励要注意以事实为依据、以制度为准绳来处理，要对错误的性质进行分析，不能以个人的好恶来评价一个员工的行为，要做到制度面前人人平等，对事不对人，要在批评惩罚的同时进行细致的观察，一旦发现有好的表现要及时表扬，这样就会使那些被惩罚的员工感到领导不是在针对自己。处理情况后与被处理者本人见面，以免造成冤假错案，否则不但起不到激励的作用，反而造成"怨情"，影响员工积极性。

以上谈到的只是激励的几种基本方式，在实际工作中，激励并没有固定的模式，需要厨房管理者根据具体情况灵活掌握和运用。

2.2.2 影响厨房员工生产效率的因素

厨房生产效率实际上就是厨房工作人员在厨房管理人员的带领与指挥下，将食品原料按照规定的操作程序及操作方法转变成饮食产品的生产能力。在由原料转化为饮食产品的生产过程中，人员、设备、原材料和生产程序及方法对生产效率都有一定的影响。影响最重要的首先是人员，在制造业和农业生产中，当现代的机器设备代替了手工劳动时，其生产效率将会大大提高，而厨房生产中即使投入大量的资金购买了先进的厨房设备，也未必能提高生产效率。因为厨房菜点的烹制仍需厨师手工操作，其技能性很强，所以要从根本

上解决提高生产效率问题，除了设备、环境等因素外，还得从人自身因素上多下功夫，厨房管理者要多深入了解员工的喜、怒、哀、怨、苦等，多实行人性化管理，让员工有一个愉悦的心情，投入生产过程中，或许会收到事半功倍的效果。只要我们采取相应的措施和方法，就可大大改善厨房的生产效率。

生产效率是衡量厨房生产组织的合理性、生产技术的先进性和员工劳动积极性的标志之一，它直接关系到厨房生产管理的成功。影响厨房生产效率的因素有很多，但如果将其归类可分为两大因素，一类是内在因素，即人自身的因素；另一类是外在因素，即除人自身之外的因素，如环境、设备、设施等。

1）内在因素

员工的生产效率在很大程度上是由自身的内在因素所决定的。同一个人有时生产效率非常高，但有时其生产效率又非常低。它包括人的动机、情绪、与其他员工的关系和与上级领导的关系等问题。

造成员工工作效率下降的内在因素主要有：

①岗位分工不当，造成员工对该岗位工作没有兴趣。

②员工在技术上无法胜任其岗位工作，因力不从心而产生厌倦情绪。

③自我感觉大材小用，不受领导重视。

④同事人际关系紧张，造成情绪低落。

⑤有些客观问题得不到解决，如家庭纠纷、小孩生病等。

上述这些因素对员工的生产效率会起着直接的影响，管理者切不可忽视。

（1）员工的逆反心理

员工的逆反心理与员工的受教育程度有关，也与自身的认知水平有关，还与厨房管理者的管理方式有关，不完善的管理方式在员工看来，就是在压制他们的一切行为，包括他们的创造性。这要求厨房管理者推心置腹，勇于承认自己的过失并加以改进，便可消除员工的这种敌对心理。

（2）人际关系

厨房生产是分工协作共同完成某项工作，任何一个工作环节出现差错都会影响厨房的生产，这就要求员工之间密切配合、有凝聚力。但在实际工作中，出于利益关系、性格差异等原因，有些员工之间的人际关系比较紧张，造成情绪低落，管理人员要及时帮助沟通疏导，找出问题的焦点，消除误会，化解矛盾。

（3）生理因素

人在身体状态欠佳的情况下工作，其工作状态往往不尽如人意，表现为力不从心。管理者发现员工工作状态不好，要及时了解情况，条件允许的情况下可安排生病员工回家休息，如果的确工作忙，不能安排休息，可安排其做体力较轻的工作，说一些安抚员工的暖心话，使员工感到管理者的关怀。相反，动辄批评、不分青红皂白地指责员工消极怠工，往往会激怒员工，长此以往，管理者就会在群众中失去威信。员工的工作如果是在管理者的高压政策下被迫完成的，是一种被动的，而不是心甘情愿的一种奉献，那自然会影响生产效率。

（4）其他原因

诸如岗位分工不当，造成员工对该岗位工作不感兴趣；员工家庭困难，一些客观困难得不到解决等因素，都会制约厨房生产效率的提高。这就要求管理者根据员工的特长合理地安排其工作岗位，充分发挥每位员工的特长，告诫所有员工，岗位安排一段时间后可通过岗位竞争的办法竞争上岗。这样，员工在竞争的氛围中努力工作，不仅大大地提高了生产效率，而且还会发现不少人才，使员工充分发挥自己的用武之地。这样做可让厨房工作人员看到希望，每位有能力的人可以有施展才能的空间，让员工觉得在这样的企业工作自己有发展的机会，从而极大地鼓舞了员工的士气，大大提高了厨房的生产效率。

2）外在因素

外在因素即除员工自身因素之外的诸如工作环境、设备设施不够完善、人员配备不合理等因素对厨房生产效率的影响。这些因素是客观存在的，有时候也起着非常重要的作用，厨房管理者不应该回避这些客观现实，而应该正视，通过自己的努力弥补一些缺憾。

（1）厨房设计布局不完善

许多大型现代化饭店的厨房一般在设计前期比较讲究厨房布局与设计，他们在饭店筹建初期就聘请了一些餐饮专家认证和参与，根据饭店的经营特色反复推敲、商讨，因而其设计布局比较合理，工作环境得到了极大的改善，员工在这样舒适的环境中从事生产劳动，其工作效率较高。但也有一些企业一味地强调利润的最大化、成本支出的最小化，往往厨房建好后在实际运用过程中存在这样或那样的问题，如操作间通风不畅，闷热，操作流程不畅，厨房空间太小等。这种不完善的设计与布局容易使厨房环境脏、乱、差，厨房地面滑，闷热，员工生产时互相碰撞，这样的环境连最起码的生产安全与卫生质量都难以保证，更谈不上劳动工作效率。

（2）设备、设施不健全

餐饮产品生产不同于其他产品的生产，其产品生产显著的特点是生产时间相对集中，生产与销售同时进行，每餐生产的高峰为1～2小时。在如此短的时间内，要想满足客人的需要，一方面要求厨师有娴熟的操作技术，另一方面也要有完善的设备、设施与其配伍。如果设施、设备达不到经营的要求，最终会影响厨房生产的速度和工作量，不仅影响员工的工作热情，更主要的是生产效率得不到提高。

（3）人员配备不合理

厨房生产离不开人，人是提高生产的核心，但一个厨房究竟要多少人才算合理？如果一个厨房工作人员安排偏多，那么就会有一部分人闲着无事可做，然后扎堆闲聊，一方面容易造成员工之间的矛盾，另一方面也容易造成工作量不均等，结果严重影响厨房的工作效率，也不利于厨房的管理。那么是不是厨房员工安排得越少越好呢？有些饭店厨房管理会走这样的极端，将厨房的工作人员数量压低到极限，长此以往，员工超强度、超负荷地运转，其身心疲惫不堪，久而久之，员工会对自己的工作产生一种厌恶感，一有机会立即辞职，没有机会就机械地应付工作，根本谈不上工作效率。

（4）厨房组织机构职责不分明

建立完善、合理的厨房组织机构，能够使各岗位的员工清楚地认识到谁是自己的直接上司，平时的工作听谁指挥，使员工在有序的领导监督下保质保量地完成自己的工作，从而有效地提高工作效率。现代饭店经营管理的经验告诉我们：组织机构必须精练，不宜设置过多。有些规模较大的厨房在总厨师长与领班之间设置分点厨师长，总厨师长负责厨房的行政管理，而分点厨师长则负责日常具体工作的安排与管理，其一切行为应向总厨负责。在厨房组织机构设置上还要避免另外一种错误倾向，即过于简练。厨房的一切事务由厨师长一人管理，由于一个人的精力有限，加上厨房的工作比较烦琐，员工的技术水平参差不齐，往往在管理中顾此失彼，造成许多岗位无人管理，容易给员工钻空子，严重时连日常工作都无法进行，更谈不上工作效率。

2.2.3 促进厨房员工生产效率提高的措施

在现代企业中，广大员工不仅是企业管理的对象，而且是企业管理工作的积极参与者，是管理的主体。一个企业的管理效能的高低以及产品质量、服务质量的好坏，关键在于能否充分调动广大员工的积极性。抓生产、搞管理，一方面要考虑到企业的利益和利润，另一方面也要考虑到员工的实际情况和个人利益。

1）制定高标准的管理规范

厨房管理是厨师长带领一帮人共同为企业创造效益而从事生产和服务的过程。当然，这种生产与服务可以是多种多样的，但必须是满足客人需求的、提供质量优良菜品的生产与服务。厨师长在厨政管理中一定要制定高标准的管理规范，确立良好的质量意识。这是管理者必须向员工灌输的重要的现代管理意识。

质量是一个企业的生命线，企业在谋求业务的发展时，无论何时，在何种情况下，都有力图增加收益、扩大规模、逐年发展、不断巩固经营基础的愿望。要做到这一点，就必须加强企业的品牌和质量管理。厨房生产的质量，包含着两个方面，一是餐饮产品的质量，二是厨房生产工作的质量。餐饮产品的质量是衡量厨房管理水平的主要标志，是厨房各项工作质量的集中体现。要加强厨房生产质量的控制，就必须提高厨房工作人员的素质，使用标准化食谱，并且确保员工都按照食谱操作，把质量控制贯穿于厨房生产活动的全过程，以达到厨房生产管理的目标。

在厨房的综合管理上，对质量而言，质量只存在好坏之分，而不存在较好与较差之分。要想有好的质量，就必须要树立好的质量意识，并且还要树立质量管理的高标准。在制定菜品质量高标准时，首先应强调卫生管理的高标准，树立切实为顾客饮食健康着想的意识，强化厨房加工过程和生产过程的卫生。

现在，已有不少企业在厨房管理中为了增强员工的质量责任意识，对造成菜点质量差错，影响顾客饮食消费的员工采取了相应的罚款等处罚措施，以加强厨房工作人员的责任心。许多企业在厨房内部成立质量检查小组随时测定厨房菜品的质量标准；许多企业注意来自餐厅消费者对菜点质量的信息反馈，正确处理客人的意见和投诉，及时解决菜品质量问题；还有些企业采取记录分析法，将厨房在生产过程中或成品销售过程中发生的质量问题一一进行记录，分析原因，制定解决的措施，并检查措施执行后的效果。

2）改变厨房的生产方式

厨房的生产方式是厨房生产所采取的一种组织形式，传统的厨房生产方式是冷菜、切配、炉灶、面点、初加工等部门分工细化、各自为政式的生产，这种生产方式的缺点是各岗位工作量不均衡，有的岗位很忙，而有的岗位员工很闲，这就要求厨房管理者亲临工作现场指挥，本着岗位分工不分家的原则，合理地调配每个岗位的员工，让人人都有工作可以干，大大缩短工作时间，提高劳动效率。有条件的单位可将所有的食品原料的加工工作集中在加工厨房内进行，包括原料初加工、切配、初步熟处理等一系列工序，将原料直接加工成可供烹饪的半成品，并集中保藏，其他各厨房可根据自己的生产需要凭单来加工厨房领料，既节约了劳动力，又便于集中管理，不仅统一了加工标准，而且有利于成本控制，更提高了工作效率。

3）购置和使用高效率的厨房设备

随着社会的进步，现在人们的生活水平得到了很大的改善，餐饮市场也随之发生了巨大的变革，客源市场已由过去单一的政府消费群体，转变成广大工薪消费群体。客源市场的广阔，使过去传统的厨房手工操作生产远远不能满足餐饮发展的需求，供厨房生产的厨房设备，也向高效率发展，先进的机械化厨房设备，能在很大程度上替代厨师的工作，如厨房的一些加工设备：切片机、绞肉机、粉碎机、多功能搅拌机、去皮机等。这些机械设备的运用，不仅节约了大量的人力，而且还保证了原料的加工质量。又如厨房的一些加热设备：电饭锅、微波炉、广式灶炉等，大大缩短了原料的加热时间，特别是广式灶炉的运用，由于其发火猛、火力旺，使厨师的出菜速度极大地提高，避免了许多客人催菜的现象，也为餐厅翻台提高出菜速度提供了保障。

4）简化工作程序，提高有效劳动

厨房生产有一套严格的操作程序，厨房的一切生产活动都是围绕工作程序而展开的，但其工作程序中有些劳动是无效劳动。简化工作程序，实质就是取消无效劳动，从而达到提高生产效率的目的。

在厨房生产中，时常会出现重复劳动和无效劳动。比如，厨师为使用某一工具，拐弯抹角，东奔西跑，还有的厨师一人要顶数个岗位，跑来跑去，结果生产效率降低，生产质量差。目前，许多大中型厨房岗位分工细致，责任到人，各负其责，提高了生产效率。简化工作程序还与厨房设备、设施的布局以及生产分工和操作程序的改变有很大的联系。

简化工作程序，并不意味着简单、马虎地工作，随意地简化工作程序，而是在讲究产品质量，保证生产正常进行的前提下，减轻员工的疲劳，改善工作环境，提高生产效率。厨房实施工作简化，要对厨房的整个工作过程和每一步骤进行具体而又细致的研究，详细记录贯穿整个工作的程序，分辨哪些工作对实际生产有用，哪些工作是多余的，这样就可以为重新制定新的工作程序提供参考依据，以取消无效的劳动。

目前，许多饭店都很重视简化厨房生产的工作程序，有的已取得了很明显的成效。例如厨房生产的标准化、规格化、程序化。厨房在菜肴烹制上，将常用的复合味型调料汁在开餐前事先兑好，如糖醋汁、花椒盐、豉油皇汁等。这样做，不仅减少了厨房在烹调时的重复调味动作，更重要的是稳定了菜肴的口味，提高了烹调的速度。

5）开展技能竞赛活动

劳动竞赛是企业调动员工积极性的措施之一。竞赛可以造成一种心理压力，形成你追我赶的局面。开展厨房技术竞赛活动可以培养员工的主人翁精神和集体主义精神，可以满足他们对尊重和荣誉的社会性需要。厨房可定期或不定期地分岗位开展各种竞赛活动，竞赛能增强集体中每一位员工的心理内聚力，使他们的行为更加协调。竞赛能缓解员工内部之间的矛盾，为了能在竞赛中超过竞争对手，大家往往会互相鼓励，出谋划策，在某些非原则性问题上不再过多计较自身的得失。竞赛还能调动人的潜力，使员工思维敏捷，操作迅速，在竞赛中能学习到别人的长处，提高自己的技能水平，使厨房员工的整体技术水平进一步提高，从而有效地提高工作效率。

竞赛中要有明确的目标，应当有胜负，评出名次，予以适当的精神和物质的奖励。有的单位将竞赛中的优胜者，评比出来的先进人物的照片放大挂上光荣榜，使先进者获得精神奖励，给广大员工树立学习榜样，形成个个学先进、人人争当先进的局面。

6）合理编排人员班次

厨房工作时间较长，厨房员工的休息如果安排不当，一是会使生产效率降低，二是会导致员工满腹牢骚，消极怠工，因而影响到厨房生产的正常进行。研究结果表明，一名员工长时间地连续工作之后，体力和脑力都会下降。

合理地编排厨房员工的班次，是厨师长的职责，厨师长应根据餐饮经营的具体情况安排。一般晚餐较忙，应较多地安排人员上班，而午餐相对来说比较清闲，应多安排一点人员休息，厨房可改全日制休息为两个半日制休息，除非员工有特殊情况可安排全日休息。这样不仅会节约劳动力成本，而且也不影响工作。

在编排人员班次时，要考虑到厨房生产忙、闲的时间段，为了有足够的时间让员工休息，厨房管理者在日常管理工作中，要打破传统的墨守成规式的作息时间，采用弹性制这种独特的工作作息时间，在生意不太忙的时间，开餐高峰期过后，留一部分人员值班，放一部分人回家休息。采取轮流转动的形式让人人都能有充足的时间去休息，既调节了员工的情绪，又不影响工作，充分体现了管理者的关心与爱护。一旦遇上厨房任务繁重，员工也会自觉放弃自己的休息机会，积极投入到厨房生产中，不仅提高了厨房的生产效率，也增加了企业的凝聚力和亲和力。

7）多劳多得的工资分配方式

工资可以作为调动积极性的手段来运用。目前，为克服平均主义和吃大锅饭而进行的工资制度的改革，有利于调动员工的工作积极性，有利于贯彻"按劳分配，多劳多得"的社会主义分配原则。

现在许多饭店的厨房都已实行岗位工资制，即员工在什么样的岗位就拿取什么样的劳动报酬，如炉灶分头炉、二炉、三炉等，砧板分头砧、二砧、三砧等，按劳取酬。这种工资分配方式已比传统的按工龄、资历拿报酬的分配方式有了很大的进步，但这样的工资分配方式仍然不能适应生产力发展的需要，无法在真正意义上提高劳动效率。员工的工资应与企业的经营效益挂钩，不能忙与闲、劳动强度大与小仍然分配原有的工资，这样的分配方案实际上也是一种吃大锅饭现象，无法调动员工的工作积极性。一些知名度较高、效益很好的饭店经常发现有员工集体辞职的现象，究其原因，矛盾的焦点往往就集中在工资分配上，由于员工拿的是固定岗位工资，而饭店生意又特别好，员工心理不平衡，认为自己的付出与得到不平衡。

改革工资分配方式，让企业的效益与员工的收入挂钩，充分体现了市场经济浪潮下的分配制度，即员工多劳多得、少劳少得、不劳不得的原则。企业可以通过一定时期的试运转，以两个月或三个月为一定的时间周期考核，制定月营业额，员工的工资可根据月营业额按一定的比例提成发放，这样员工就没有固定的收入，其收入是一个变量，上不封顶，下又可保底（保底数为周期考核制定数）。这样的分配方式对企业和个人都有很大的益处，能充分发挥员工的积极性和创造性。

任务3 厨师长的管理技巧

【引导案例】

作为北京五星级饭店的总厨师长，从事厨房管理工作20多年、担任行政总厨10年的某位大厨，自有一套管理的经验。他把经营头脑、管理能力、成本计算、创新精神、个人品行等作为厨师长应具备的基本素质。其中，技术创新、成本控制、对外开放、人员合作又是其总厨的工作之重。他说，餐饮业中对厨师的管理与其他行业的管理不同，不仅需要有忘我的敬业精神，全身心地投入到工作之中，有时还要求管理者必须强硬，决不能优柔寡断、徇私情；有时又要求管理者需以自身优良的品行感染他人，得到大家的信赖和肯定。

他认为，要想搞好一个厨房，就要建立一支有道德、有事业心、有技术的厨师队伍。那种只注重技术培训，忽视厨师人品、道德的做法是不可取的。为此，他进行的"人性化人才管理"颇具特色。比如，若接到哪个餐厅哪道菜品质量下降的反馈意见，他从不厉声责问，而是每天饭点时亲自到该餐厅点要该菜品，并无多言。连续几次后，制作者就会意识到问题并立即改正，绝不再出现类似错误。又如，看到某个厨师工作服不整洁，他就会在工作会上讲一名厨师不爱护自己的形象，怎能爱护集体、爱护企业的道理。他说，这种不点名、不恕自威的方法尊重厨师，他们更易接受，效果更好。

在对厨师技术严格要求的同时，他更多地给予厨师们生活上的关心。一位助手说，不久前一位员工的母亲去世了，在巨大的精神打击下，这名员工也病倒了。在行政总厨的号召下，大家捐款、慰问，不仅感动了这名员工，也使所有的人都体会到浓厚的人情味。而如果遇到哪个员工感冒生病，他亲自做碗热汤送去，或是要求所有管理人员在工作中不许说不文明和伤害感情的话这些小事，无时无刻温暖着大家的心。

对于培养发展型的人才，他认为，不仅要在日常工作中仔细发现每个人的特长，因人而异，有的放矢，还要善于从多角度、多侧面发现人才。虽然工作中严厉无情，但休息时他却十分随和、平易近人。他经常在工余聊天、下棋中了解员工情况，把握他们的思想，从探讨、交流中提高他们的专业知识，挖掘人才。他认为，善于思考、肯于钻研的年轻人就要努力培养，大胆任用。

点评：打造一个好的团队需要领头人和这个群体共同努力与协作，领头人关心和体察员工将会起到许多积极的效果。

在厨房运作中，管理者要从全局出发掌握得当的方法。正如某总厨所说：对于较低层次的厨师，要善于用"权"，要使别人服，就得按程序办事；对于中等层次的厨师，要合理"任人"，即任人唯贤，让他们踏踏实实地跟在你后面干；对于较高层次的厨师，下达的指令要让其"认同"，即让其承认、服你。

2.3.1 严格要求与体现关爱

厨房是一个特殊的劳动密集型工作，在厨房管理的运转中，人是最重要的因素。要创一流的餐饮水平，必须有一流的厨师队伍，首先厨师长是至关重要的。厨师长的技术、能力、管理水平、开发能力对酒店的餐饮经营举足轻重。

1)"严"与"爱"的密切结合

厨房管理者与员工之间的关系，除了"上级与下级"这一面外，还有"人与人"这一面。厨师长在某种程度上也是"师父"，人与人最好的关系，是"真诚"的关系。作为厨师长，要处理好"员工关系"，就不仅要在管理工作中体现出"严"，而且要在管理工作中体现出自己对员工的"爱"。只有既体现出"严"，又体现出"爱"，才能有一种"严"与"爱"相结合的、高效而又富于人情味的管理。厨房内部许多是师徒之间的关系，不少管理者依靠朴素的感情去管理，也渗透了"严师出高徒"的管理风格。科学的管理，需要我们运用"严"与"爱"相结合的方法，工作中的"严"，要通过对员工的要求、评价和赏罚来体现，而对员工的"爱"，要通过对员工的尊重、理解和关心来体现。在厨房管理中，如果我们的管理者能这样因人制宜地去关心和要求自己的员工，能把员工"个人的事"与"企业的事"联系起来考虑，那么，员工也就会把"企业的事"当作自己"个人的事"，尽心尽力地去做了。

厨房员工的管理是比较复杂的事情，有人将人的管理比喻为植树，这棵树苗不管以前生长在什么地方（在哪家店工作），只要进入本企业，成为这个家庭的一员，就有责任为其提供适合生长的土壤、水分和肥料，还要不失时机地为其除草除虫（指出缺点、改正错误），令其苗壮成长，成为有用之才。在庞大的"植树工程"下，每位员工都有机会成为"植树工程"的受益者，只要能吃苦耐劳，有信心，有能力，表现出色，就有升职加薪的机会。当然，也有水土不服，不适应环境者，那只有遭到淘汰。

2)合理竞争与营造氛围

厨房工作实行的是岗位责任制，最佳的方法应是按岗取酬，不同的岗位不同的报酬。头炉、头砧的工资要高于二炉、二砧的工资，但这些岗位的人员都不是一成不变的。厨房内部要订立"比、学、赶、帮、超"制度，每年进行一至两次技术考核和岗位竞争，每一个厨师的机会都是均等的，让每一个人都有机会竞争高一档次岗位，以此充分调动每位员工的学习热情和工作积极性，最大限度地发挥他们的聪明才智。在具体管理时，应根据不同人的性格差异，针对性地采用激励方式，注重培养与员工之间的亲情。厨师长不能高高在上，应主动与员工交流思想，营造良好的工作氛围。

管理者要充分发挥厨师的技术骨干作用，开拓一些切实可行的大家喜爱的活动，与厨师长、主管、领班一起结合经营状况探讨一些问题，研究一些新菜式，或进行技术交流等，充分调动大家的工作热情，让大家以饱满的姿态投入到工作和业务管理中。在整个厨房中，可定期请一些名厨进行烹饪和菜品演示，请专家进行一些专题讲座，或外出考察与餐饮有关的项目，也包括一些娱乐活动，特别是走出饭店外的活动，可与餐厅服务人员一起共同活动，多了解、多沟通，这样便于前、后台的工作协调和工作的正常开展。

3)关注员工的情绪与工作表现

厨房管理人员要经常了解员工的情绪和工作表现，员工的工作积极性不高，有时是因为对工作有某些不满意之处，或个人碰到有不顺心的事情，而这些心理状态又会从他们的情绪上流露出来，在工作中表现出来。因此，要经常分析员工的情绪和工作表现，以便及时了解情况，把消极因素化为积极因素。了解情况的方法是多种多样的，作为厨房内部的管理方法主要有以下几点。

①察言观色。上班看脸色，吃饭看胃口，工作看劲头，开会听发言，平时听反映。

②谈心家访。情绪低落必谈，同事纠纷必谈，批评处分必谈，遇到困难必谈，工作调动必谈。生病住院必访，家庭纠纷必访，婚丧喜事必访，天灾人祸必访。在谈心和访问中了解员工的思想情绪。

③群众反映。深入到群众中去，和群众闲谈，或听取群众讨论，从中了解情况。

④依靠骨干了解。以班组骨干作媒介了解情况。

⑤数据分析。通过各种数字看问题，了解员工的情绪。

⑥收集记录分析。通过检查各种记录，从中发现问题。

2.3.2 严于律己与指导下属

1）摆正自己的管理天平

一个厨房少则十多人，多则上百人，小的厨房一般也有4～5个人。厨房管理者管理到位，博得下属人员的一致赞许，不仅仅是他的性格特点好、技术水平高，还有很重要的一部分就是他的管理水平到位。衡量厨房管理者管理政绩的重要指标也不仅仅是毛利和利润，还有处理好各方面的关系等。真正好的厨房管理者是通过自己的权力、知识、能力、品德及情感去影响厨房员工，充分调动厨房员工的工作积极性来共同实现厨房管理的目标。

一个厨房有多种岗位，厨房人数中近半数是有一定技术水平的人员，其中也必然有些经验丰富、技术过硬的老一辈，也有较年轻的、身强力壮、工作能力和进取心较强的新一代。他们各有所长，各有所短，要努力使各技术骨干团结起来，互相配合，取长补短，达到工作上的一致，共同完成生产任务和部门管理任务。厨房部技术管理人员应善于团结和组织各技术骨干力量，使他们成为本部门工种的坚强技术核心。

每个饭店都有明确的管理制度，饭店各岗位都是一样，需要建立健全各种奖勤罚懒、奖优罚劣的规章制度。管理者必须按章办事。厨房工作人员与酒店其他岗位的员工略有差别，其特点是比较讲究"宗派"和"师徒关系"，加之厨房工作环境和厨师文化水平的局限，比较重"义气"，所以，有些厨师长在管理中重情、义，难以按章办事，特别是遇到"师兄弟""徒弟"等，处理问题时就优柔寡断，甚至庇护相关人员，由此而带来一些不公平的决定。这些现象在厨房中十分常见，这自然会带来一些弊端，给工作造成被动。

真正好的厨房管理者往往是大公无私者，处理问题时首先要杜绝私情，在注重方式方法的同时，两手都要硬，以此来树立自己的威信。管理首先要把"人"管好，然后才能做到管好"菜"。按制度办事要一视同仁，制度就是"热水炉"，不要触犯它。其次，出现问题时要及时处理，不要因工作忙而拖沓。最后，在处理问题时对事不对人，公平对待，厨师心中自有"一杆秤"，他们能明辨是非，"秤"出你的威信。由于厨房工作的特殊性质，处理问题一定要特别细心，以防止一些骨干厨师因心情不快而出现跳槽现象，造成不必要的损失。

一个好的厨房管理者应通过适当途径，随时了解厨房员工的动态，不仅知道厨房发生了什么事情，而且能帮助员工、指导员工去解决问题。解决问题一定要公正、客观；一定要及时，不要拖延；一定要严格管理，对事不对人。

2）合理地指导下属工作

员工的效率就是管理者的成绩，激发员工的战斗力，使员工保持高的工作效率，是管理者成功的关键。

但是，许多厨房管理者常有一个错误的假设：一切都在自己的掌握中。这是错误的，厨房管理者们唯一能够掌握的，或许就是自己的时间表（有时候，甚至连自己的时间也没有办法控制）。很多主管为了控制下属，只让部下做他能够控制的事情，以达到"一切都在掌握中"的目的，这样的确可以不出什么差错。但是，这样一来，主管自己就会很辛苦、很累；而下属们则不再有自主性和积极性。

高明的管理者知道，下属既是自己的"帮手"，同时也是自己的"心腹"。换句话说，下属既分担自己简单的工作，同时也发挥他们的智慧，为自己排忧解难。如果你希望自己的下属发挥全部的潜力，下面的几点经验和建议是值得借鉴的。

（1）告诉下属明确的目标和要求

很多管理者不直接告诉下属自己的期望，却希望下属能够理解，甚至以为下属已经理解。要知道，即使再聪明的下属，也不可能知道你所有的期望，除非你明确地告诉他们。因此，提高下属工作效率的首要原则就是：告诉他们明确的目标，以及相应的要求；防止下属出现花费宝贵的资源而工作出现南辕北辙的方向性错误。

（2）解决下属不能够克服的困难

可以从两个角度来观察分析现有的制度：首先可以从"做事"的角度，也就是从工作本身出发，查看哪些制度实际上没有必要，甚至使工作变得复杂；其次，从下属的角度观察制度，有哪些制度束缚了他们的手脚。

总之，必须运用自己手中的权力，使下属不受制于不切实际的各种制度，从而提高他们的生产力，也就是说，你可以改变一些制度。

（3）给予完成任务的下属奖励

或许你认为，完成工作是下属的本分或者工作本身就是最好的奖励。但有经验的管理者都知道，提高下属的战斗力很大程度上依赖一些很实际的奖励措施，包括现金、红股、休假和升迁等。

例如，设计一套科学的奖金制度，如果你不能用金钱奖励下属（或许你也无能为力），可以用时间，当一名下属完成一项重要的工作之后，可以给他一定时间的旅游、考察等。

最关键的是必须清楚，何种形式的奖励可以激励他们，同时还要予以重复的称赞。

2.3.3　团队意识与情商管理

每个人都生活在团队组织当中，作为团队中的一员，都希望有一个好的组织和团队。作为厨师长，每天都在与团队打交道，以便实施各项任务的接待和产品开发项目，或完成对市场与顾客的长期研究，或提高企业的产品质量与服务质量。提高团队意识，不仅有赖于提高餐饮厨房所有成员的个人素质，更重要的是要在个体情感的基础上，加强开放式沟通，增进厨房团队成员间的相互信任和尊重，建立有效的管理机制，并营造一种创新型学习氛围。

1）提高团队合作精神

合作，使我们的企业充满生机。美国一位社会学家曾经指出：一个人、一个工厂、一个公司、一个商业机构是否成功，关键在于是否建立起良好的合作关系。俗话说得好：一个篱笆三个桩，一个好汉三个帮。人多力量大，能拧成一股绳的团队，力量更是惊人。良好的合作关系可以使众人的力量，多个集体的力量拧成一股，万众一心向一个目标前进，充分调动每一个人、每一个小单元的积极性，也使作为市场经济主体的个人、企业充分利用社会分工的优势，充分利用、分享社会的信息资源，为自己的事业添加成功的润滑剂。

在成功的团队中，每个成员都强烈地感到必须为共同目标而全力以赴。为了实现目标，他们积极承担责任。成员的创新能力高涨，他们在工作中精神饱满，充满热情。

光靠单枪匹马任何经营管理者都很难成功，要学着利用集体的力量不断完善自己，要充分利用和加强团队建设，这样才能不断壮大企业和组织。

现代企业中的大多数工作都是由各种团队去完成的。因此，团队的工作气氛以及凝聚力对工作绩效有着深刻的影响。团队和谐，不仅取决于其中每个成员的情绪智慧，更取决于团队整体的情绪智慧。

高情商的团队，成员之间往往具有亲和力和凝聚力，故团队显示出高涨的士气；低情商的团队，士气低落，人心涣散，缺乏战斗力，因而所在组织也不会有好的发展。

一个团队能否上升为"明星团队"取决于这个团队是否和谐，团队成员是否相处愉快等等。如果团队成员中有人觉得"没有人关心我，大家都各顾各的"，或者他们对团队中某人感到非常气愤，或者他们难以忍受团队领导的管理方式，他们就不会全力以赴地工作，也不能和别人很好地合作。整个团队的表现也因此受到削弱。

瑞士酒店在厨房管理中，十分重视员工的合作精神和团队意识。在厨房的任何一个部门，如果管理者发现有员工提前完成了自己的工作而不去帮别人，管理者会立刻指出并纠正。他们认为，如果一个团队人员技术水平不一或意见不同而各自为战，会严重影响经营效果。酒店要求员工能从事多项工作，即我们通常所说的"一专多能"。在客人比较多的时候，各级管理者都会亲自"操刀上阵"，不会出现"会管的不会做，会做的不会管"的现象。

2）创建和谐的工作环境

沟通是人与人之间相互传递信息思想、知识甚至兴趣、情感等的一种行为。沟通团队成员的交互行为、对团队的生产与运行都起到极大的影响和促进作用。只有通过沟通，才能使厨房员工的感情得到交流，才能协调员工的行为，形成共同的愿景，产生出强大的凝聚力和战斗力。

沟通是一种自然而然的、必需的、无所不在的活动。一般沟通需要很多理由，但总的来说是想借此来影响他人的态度和感觉，并最终影响他人的行为。在厨房生产与管理中，对于管理者来说，沟通不是可有可无，而是至关重要、不可缺少的组成部分。通过有效的沟通，许多疑难问题以及工作中的矛盾和误会都会迎刃而解。管理者必须通过自身的学习，掌握有效沟通的技能，才能取得较好的工作效果。

沟通时要尊重别人的感情。人都需要尊重，只有尊重对方才能获得其信任。良好的

沟通要求感受对方的感情世界，对别人的心理需求有正确的反应，感受到他人的愤怒、恐惧、悲哀或喜悦、兴奋、渴望，就好像是自己的感觉。

尊重对方要有体察对方心情的能力，不带成见，不带批评态度，沟通时要细心倾听对方的意见，体会其含义。例如，在批评下属的时候，要尽量避免在公众场合。个别谈话使人觉得私人化，也能照顾对方的面子和感受，使对方易于接受，收到事半功倍之效。

3）"情感管理"的有效激励

越是经济深度发展的时代，整个社会对人的感情的需求越是迫切和强烈。用感情来打动人，用感情来团结人，用感情来鼓舞人，用感情来激励人，是成功企业和优秀管理者不可忽视的重要文化策略。

一般成功企业的管理者也往往认识到企业成功与情感文化的重要关系，从而确立"以情动人"的价值观，强调人之情感的重要性，并由此建立激励机制，满足员工在情感和物质上多层次的需求，使员工对企业表现出不同寻常的忠诚与负责，为企业发展贡献出自己的全力。

成功的厨房管理者往往极为重视员工的需求和利益。只有在工作过程中重视员工的情感需求和利益需求，员工才会在工作中焕发巨大的能量，从而使整个企业产生一种齐心向前的文化氛围。

人是餐饮企业之本，是餐饮文化形象塑造的主体，因此，餐饮企业的文化形象建设，也必然要依靠全体员工的共同努力。但企业员工是一群有着多种需求的人，他们需要改善物质生活，需要照顾家庭，需要感情与激励，需要受到尊重和信任，需要社会交往等等。身处文化社会的人，具有受激励的潜能，他们一旦受到尊重、关心、激励，就会把自己的利益和企业的命运紧密相连，对企业充满信心和责任感，从而释放出巨大的潜能，其效果是其他因素所无法比拟的。另外，企业从情感上关心员工也会得到全社会的好评，从而为企业的持续发展创造一个良好的外部环境。

4）情商管理及其效能

情商是控制自己、影响他人情绪和行为的能力。与社会交往能力差、性格孤僻的高智商者相比，那些能够敏锐了解他人情绪、善于控制自己情绪的人，更可能找到自己想要的工作，也更可能取得成功。情商为人们开辟了一条事业成功的新途径，它使人们摆脱了过去只讲智商所造成的无可奈何的态度。心理学家认为情绪特征是生活的动力，可以让智商发挥更大的效应。所以，情商是影响个人健康、情感、人生成功及人际关系的重要因素。

卓越的管理者在一系列的情绪智能，如影响力、团队领导、政治意识、自信和成就动机上，均有较优越的表现。情商对管理者特别重要，因为领导的精髓在于使他人更有效地做好工作。一个领导的卓越之处，在很大程度上表现于他的情商。

这就是人们不是推举一些聪明的人做领导，而是推举一些能关心别人、与人关系融洽的人做领导的原因。相较之下，情商高的人更能够为众人办事，也更能发挥群体的积极性。

情商之所以能决定一个人的命运，取决于它的几个作用。

（1）情商具有调节情绪的功能

人们在准确识别自我情绪的基础上，能够通过一些认知和行为策略，有效地调整自己的情绪，使自己摆脱焦虑、忧郁、烦躁等不良情绪。情商让你学习审视和了解自己，学会怎样激励自己，能够从容地面对痛苦、忧虑、愤怒和恐惧的情绪，并能轻而易举地驾驭它们。

（2）情商能影响认知效果

情商在解决问题的过程中，能影响认知的效果。情绪的波动可以帮助人们思考未来，考虑各种可能的结果，帮助人们打破定势，创造性地解决问题。

（3）情商能为人生提供能力与动力

一个人事业上的成功，需要有正确的思想和理念的指引。真正具有建设性的精神力量，蕴藏在左右一生命运的情绪中。每时每刻的精神行为，都会对命运产生决定性的影响。情商高的人生活更有效率，更易获得满足，更能运用自己的智能获得丰硕的成果。反之，不能驾驭自己情感的人，内心激烈的冲突，削弱了他们本应集中于工作的实际能力和思考能力。

任务4　厨房员工的技术培训

【引导案例】

肯德基《员工手册》中的经营管理理念

主张"四个追求"

一是追求消费者的满意，提出了追求"美好的食品、美好的服务、美好的环境和氛围"，孜孜以求做足一百分的理念；

二是追求企业的成长，强调"不进则退"的道理；

三是追求个人成长，提出要培养"马拉松"式员工的理念；

四是追求事业伙伴的相互提携，实际上也是一种先进的合作、和谐、双赢、多赢的理念。

对员工灌输八个管理理念

（1）对质量一丝不苟。

（2）重视培训。

（3）尊重个人，保护员工的隐私，鼓励他们的积极参与精神。

（4）欣赏并塑造完整的人格，鼓励并欣赏谦虚、诚实、表里如一、积极进取、善于与他人合作的人。

（5）提倡团队精神，重视将功劳、荣誉和利益让群体中的每一分子都能得到分享。

（6）勇于面对问题，对于可能发生的或已经发生的问题，不仅不回避，而且勇于面对，把发掘问题、解决问题当成成长的契机。

（7）坦诚、开朗，主张沟通、合作，反对口是心非、阳奉阴违。

（8）不断创新、不断改进，永不故步自封，永远追求更好。

点评：一个优秀的企业必须具有先进的理念，如果将这种理念渗透到每一个管理环节和培训环节中去，必将能干出一番大事业来。

餐饮业与其他行业相比，培训工作往往滞后，不少餐饮企业负责人对培训的认识存在误区。餐饮企业管理者必须明白，在市场竞争日益激烈的今天，人力资本竞争已成为企业竞争的焦点，而培训工作无疑是企业培养高素质人才并提高核心竞争力的重要手段。

当今成功的企业有一个共同的特点，就是十分重视员工的培训。他们把有效的培训视为"经营战略"的任务，把人员培训称为"智力能源开发"。许多企业家有一个共同的看法，认为企业间的竞争，本质上是企业人员素质的竞争。由此可见，要提高厨房员工的素质和工作积极性，进行有效的培训是必不可少的。

2.4.1 厨房员工培训的必要性

对员工进行培训和开发，是为了保持高品质的产品质量和服务水准，从而保留顾客。除此之外，经过良好培训的员工在他们的工作中，更为轻松自如且更有信心，并且对企业更尊敬和忠诚。一个优良的新员工总是渴望学习，对于企业未能向他们提供进步的机会将感到失望。即使是已经满足于现状的员工，如果企业能帮助他们更新技术和精益求精，他们将更高兴且更积极。

一些现代管理专家认为，现代品牌企业80%管理行为的实现要依靠培训，因而培训已经成为现代管理必不可少的重要环节。应该说，现代餐饮企业的各级管理人员，不重视自身和下属员工的培训、不会制订和实施培训计划、缺乏培训的能力，都不能说是一个合格的管理人员。因此，对餐饮企业来说，培训是一项十分重要的管理工作。

1）培训可以使企业不断增强实力

学习与培训，是人力资源管理的主要任务，是提高企业人员素质的有效方法。饭店、餐馆离不开厨房，厨房离不开有技术的厨师，厨师要提高业务素质就离不开培训。有效的厨师培训，可系统地提高厨房员工的烹饪技艺，能够有效地提高厨房的生产效益并改进工作方法，可以克服厨房生产中出现的种种难点，解决经营中出现的各种疑难问题，提高工作质量。通过各种培训，新员工能及时上岗并正确地使用厨房设备。对于厨房中的技术骨干，要做到有计划地培养，分期、分批地进行有目的的培训，向他们灌输现代经营与管理思想，增强他们的创新意识和管理能力，最终使企业在餐饮经营方面具有较强的竞争力。

经常开展对厨房工作人员的培训，不仅能提高内部生产、管理的业绩，还能为员工注入新的活力和信心。在今天技术高度发达的激烈竞争的市场上，日新月异的餐饮变化，需要人们随着社会的变革不断地去适应。因此，培训的重要性已经使其跃升为商业战略的重要组成部分。但是，许多餐饮企业在有关培训的实际行动和方针制订上还犹豫不决。不少管理者的培训决策是在"着火"阶段而不是"防火"阶段作出的，往往只考虑眼前，而忽视了长远利益。

企业和管理越来越趋于全球化。没有一个地区、个人、团体和行业能避开这一趋势。餐饮企业要想生存，就必须生产出更高质量的菜品并进行更周到的服务。实际上，在过去的年代中，任何自满情绪都遭受了挫折。越来越多的人认识到企业必须跟上世界先进水平才能生存并提高业绩。这也只有通过新理念、新思维的培训来达到目的。

全球化趋势摧毁了企业中的官僚结构，从而使企业和行业提高了适应变化的能力。这就必须鼓励所有人通过学习以改变现状。同样也通过新思想、新概念、新市场、更少的浪费和客户反馈等指标来衡量企业行为的改进。

2）培训可以不断提高企业的管理成效

抓好员工的业务技术培训既是提高食品质量的一个重要方面，也是人力资源管理的一个重要内容。因为企业的员工，都是经过挑选、培训教育才上岗的。通过培训教育使员工的厨房操作工艺不断进步，运用新原料、新技术，不断创新品种，不断提高食品质量水平，满足顾客对食品求新颖、求营养保健的需求。

厨房是餐饮企业的特殊岗位，劳动强度大，技术要求高。熟练的操作技能是提供优质服务的基础，服务意识的提升是企业的一贯要求，各岗位的沟通协调是企业管理成功的象征。而这些都需要通过培训让所有员工清楚和牢记。社会在不断进步，顾客的期望在不断提高，因此只有不断提升服务标准，才能不断满足顾客要求。这些都需要企业的培训来解决。

一个饭店、餐馆要想开展有效的培训活动和工作，使培训为经营管理如虎添翼，必须建立和制定培训的管理制度。制度的贯彻执行需要政策的配套和协调。因此，对企业各方面、各环节、各形式、各渠道的培训活动和工作，还需规定相应的政策，既严肃认真又灵活弹性地对培训工作的有关事务进行支持鼓励或约束控制。

企业的培训管理还需要有监督机制，这主要是对培训者和培训职能部门而言的。对他们的工作开展情况，任务完成状况，能力、水平、效果、质量，要定期考核、评估、督导。

研究表明，通过培训，企业能获得明显的管理成效，主要包括以下10个方面。

①提高成本竞争力：保持低成本，取消不必要的工作，用更少的人做更多的事。

②帮助员工更好地适应变化。

③提高员工的活力和参与意识，增强信任。

④强化竞争力：更高的顾客满意度、最佳生产操作和卓越的产品与服务。

⑤有助于建立有成效的机制：对劳动力的管理灵活高效，实行团队制工作。

⑥为生产和服务的新领域提供培训。

⑦提高整体质量。

⑧帮助完成企业目标。

⑨符合国家及行业标准。

⑩确保企业符合政治及环境因素的要求。

在历史的长河中，万物皆在演变、进步中，尤其在优胜劣汰的市场竞争中，只有正视自己的不足，通过不断的管理和业务培训，不断吸收新的养分，不断在稳步前进中创新，才能不断开拓自己的新路。

3）培训可以为企业营造舒适环境

不断变化的环境和餐饮经营的复杂性需要具有高超技巧并充满活力的人才。人力是一个组织中最昂贵又最具流动性的资源，培训必须对这一资源担负起激发能力和开发潜力的重任，以使他们在餐饮的经营和运作中，不断研究新课题，开辟新的菜品制作思路。这不仅可以满足消费者求新、求变的饮食需求，而且可以给厨房内部带来良好的舒适环境。

员工具备了一定技能和行为规范后，也就具备了企业需要的基本素质。适当的工资、福利、待遇固然重要，但更重要的是让员工有发展的机会，同时提供愉快的工作环境。随着物质、文化水平的提高，优厚的薪水已不再是企业调动员工积极性的主要手段，有思想的员工更多的要求是希望通过培训和锻炼，使自己知识面更广、视野更开阔、创意更大胆，去尝试一些目前只有管理层有机会做的工作，期望在能力提高的同时职位也得到上升，有自我实现的成就感。因此，企业必须多给员工创造发展的机会，让他们更多地去锻炼自己。工作是生活的一部分，舒适的工作环境，友善和谐的人际关系，能给员工一个愉快的心情，营造一种高效的工作氛围。所以管理者在管理中必须注重员工的人力资源的开发，使每个人都能实现自身的价值，这也是培训与学习所产生的效果。

与此相反，假如一个企业长期缺少激励与培训，就很难调动员工的工作积极性发挥团队精神，导致员工跳槽率和流动率过高。过高的员工流动率会影响到企业的利润，因为替代员工的代价非常高，业主和管理者常常没有意识到其真正的成本，其中包括：

①检查即将离开的员工所花的时间。

②刊登招聘新员工广告的费用。

③由于不得不对某些工作作一些调整，工作发生调整的员工的积极性可能会降低，因此其生产效率有可能降低。

④面试新员工所花的时间。

⑤培训新员工所花的时间。

⑥新员工在学习期间所造成的浪费。

⑦新员工的服务意识和标准也可能会降低。

2.4.2 厨房员工培训工作的主要内容

1）厨房员工的培训方法、培训内容与培训形式

餐饮业的发展、社会环境的变化、员工学习需求的差异，为培训工作提出了新的挑战。但企业的培训与学生在校学习不同，饭店不是学校，它的主要任务是经营，因此必须让培训工作渗透到管理工作的每一个环节中去，形式多样、联系实际、因地制宜地配合经营来搞好培训。我们可以通过传授、例会、讲座、参观、竞赛、评比、游戏、辩论、读书会、情景教学、角色扮演、职务代理、敏感性训练、案例分析、网上培训、外送进修等形式进行。具体来说，餐饮企业的培训方法一般分为三大类：

一是在职培训方法。这是指在工作场所进行的培训方法，是将经过仔细安排的学习机会，与现场工作结合起来，再通过管理者系统化的反馈和要求，循序渐进地提高员工的各种能力，进而提高企业的运作效率和整体竞争力。其方法主要有：直接传授、竞赛与评比、授权下级、职务代理、岗位轮换、分级选拔、开会、自助培训、读书会、协作学习、网上培训、管理顾问、敏感性训练、企业教练等。

二是脱产培训方法。这是指远离工作场所进行的员工培训方法，这种培训需要专门安排时间，对正常工作会有一定的影响，为保证达到预期的目标和效果，在策划和组织脱产培训时，要耗费较多的培训经费和资源。其方法主要有：课堂讲授、多媒体教学、暗示教学、抛锚式教学、经营模拟、实战模拟、沙盘模拟、参观访问、游戏、团体训练、野外拓展等。

三是综合培训方法。这是一种既适用于在职培训，也适用于脱产培训的方法。这类方法的特点是综合性较强、可灵活运用，而且对场地和资源的要求不会很高。其方法主要

有：演示、测试、假象构成、研讨、头脑风暴、辩论、角色扮演、演练、案例分析等。

培训的形式是多种多样的。作为厨房的内部培训，可以分步实施刀功、火候、调味、拼盘、装盘、标准食谱的演示。创新菜和重点菜品的技术、知识的培训等，可以由厨师长讲解和示范，也可以指定技术较好、具有较强专业技术知识的主管领班或技术骨干讲解和示范；或通过现场考察、品尝等活动进行实地品评；或根据经营过程中出现的一些带有普遍性的问题结合起来有针对性地、联系实际地培训等等。

参观、旅游也是一种很好的学习和培训的机会。许多企业对员工或中层以上管理人员进行封闭式的培训，以期达到较佳的培训效果。不少企业将厨师分别派往重要城市巡回参观、考察，或以举办美食节的方式到外地表演和考察等等。

2）做好培训计划

餐饮企业要发展，必须对所有员工和餐饮管理者进行相关的职业培训，从而使他们具有使餐饮企业发展的较高能力和水平。对企业的培训来说，培训前期的需求与后期的评估工作，是培训成功的关键性工作，又是企业培训中经常忽略或是感觉无从下手的两个环节。企业在实施培训工作时，一定要结合企业的实际工作情况，根据不同部门的特殊需求进行有针对性的培训。然而，要想实施成功的培训，取得预想的培训效果，就应该对员工进行科学和规范的培训。

一般来讲，培训第一步要做的就是培训需求分析。对餐饮企业而言，应该以餐饮企业的发展为主要目的而设定培训计划和方案。在餐饮经营与培训工作中，培训计划是实现培训目标的前提和基础。为使培训计划建立在科学的基础上，每次方案出台前，都应对培训需求情况进行摸底调查，广泛征求基层班组的培训需求，在此基础上设计整体培训计划。

对餐饮管理人员的培训首先应列出管理者的薄弱环节，然后根据这些薄弱环节再设定课程和培训方案。培训内容可以根据情况设定。

对管理人员的培训大部分是在职培训。在职培训使受训者既能学习，同时又能在工作岗位上摸索和积累经验。这种培训需要有能力的主管人员或外来的专家担任讲课与培训任务，才能达到培训目的。

实施培训，关键是看培训后的效果，有的餐饮企业非常重视培训工作，但是对于培训后的结果如何却不太关心；有的餐饮企业的领导虽实施了大量的培训，但目的是在向董事会汇报时有具体的数字。这些培训浪费了大量的时间和人力，收效却不好。

对任何企业来说，都应当制订一个着眼于未来的、成功的培训计划。它至少应包括以下要点。

①对初入门人员所进行的广泛培训，重点要放在独家特色的技能上。

②把所有员工都当作可能的终身雇员。

③需要定期培训。

④要舍得花费大量的时间和资金。

⑤培训可以成为新的战略性推动的先导。

⑥在危急时刻要强调培训。

⑦所有培训都要靠第一线来推动。

⑧培训可用来传授本企业的理想和价值观念。

在这样一个培训计划的基础上，现代成熟的企业有必要创办一所"企业大学"，以加强落实培训计划。许多企业都在朝着这个方面努力。尤其是要弥补仅仅初、高中毕业的员工在技能方面的不足。在餐饮业，如北京的顺峰、四川的谭鱼头、山西的江南等餐饮集团率先启动了"企业大学"，把培训工作推向了一个新的起点。

3）加强培训管理

加强厨房内部的培训管理，要注意做到以下几个方面：

①企业上下重视培训，树立"培训就是力量""培训是发展的助推器""培训关系到企业发展战略""未来的组织是学习型的培训组织"等好的观念。

②访问培训业内的最佳企业，建立合作和交流的伙伴关系。

③高效灵活地运用新技术、新设备和新原料。

④使分散和固定的团队都能得到方便的整体培训以及多种技能训练。

⑤明确教育培训部门及其工作人员的责任，配备权力、设立目标、履行义务。

⑥制定系统的、科学的培训管理制度与政策，用以使培训制度化、规范化和常规化。

⑦提高培训人员的素质和精神，加强培训者的培训工作，使之掌握必需的理论、方法和技巧，担负起推动培训有效开展的重任。

⑧培训部门和工作人员要主动征求各方面的意见，注意收集各方面信息，接受好监督。

⑨评价培训学习的效果。

⑩试着既当培训者又当受训员。

2.4.3　厨房员工培训工作的基本程序

1）确定培训目标

在确定培训目标之前，先开展培训需求的调查和分析，找出需要培训的对象，确定培训的方式和需要达到的培训标准。

2）制订培训计划

烹饪培训计划应根据不同等级、不同工种的厨师，分别制订实施计划，计划要有具体明确的内容。计划内容主要包括培训对象、培训方式、培训时间、培训要求、培训内容、时间分配计划、考核方式、考核时间、确定授课人员和指导人员及各自承担的具体任务等几个方面。

3）培训准备

计划制订以后，为使计划得以顺利实施，要按计划内容做好准备工作。

（1）培训人员的准备

在确定培训对象后，根据培训内容的需要，确定培训老师。培训老师必须精通所教内容，熟悉培训对象的基本需求，做到有针对性地授课。

（2）培训资料的准备

培训老师确定后，需要该老师对所授内容进行研究，详细备课，编写培训教学提纲，准备教学所需的有关图片材料。

（3）培训地点的选择

培训地点应满足培训教学需要，理论授课时，要准备电脑、投影仪、白板、笔、教室等。实践授课时，要考虑厨房场地的大小、烹调设备和用具、烹饪原材料等。

（4）其他工作准备

如培训资料的印刷，培训对象的工作班次编排，培训老师的工作时间调整等。

4）实施培训计划

实施培训计划就是根据计划着手进行培训。它必须在规定的时间内达到计划所规定的要求。

（1）培训前的动员

使受训者在思想上做好充分准备，了解培训的目标、内容和时间。

（2）向培训老师提出培训要求

由于有些培训老师既要承担教学任务，又要承担厨房的生产任务，工作时间较紧，准备并不充分，因此，管理者要对其提出要求，以便完成授课任务。

（3）实施计划内容

培训老师要根据计划的时间、方式、要求、内容按顺序进行授课。同时还必须了解受训者的要求，及时发现并解决问题，使每一位受训者都能学到必须掌握的知识和技能。

（4）检查、督促、对照培训的进程

检查计划的完成情况，如教师的授课内容是否准确，培训计划的进程是否与原定的一致等。

5）培训效果的考核

考核是评定培训效果的重要手段，考核主要有两大类型，即理论考核和操作考核。通过考核，能够了解受训者对规定的学习内容所掌握的程度，对培训的效果和人员的选用有着重要的作用。同时，对修改与完善培训计划也有一定的帮助。

【课后练习】

1. 厨房人力资源管理有哪些重要意义？

2. 如何有效地实施厨房技术管理？

3. 一个出色的厨房管理者必须符合哪些条件？

4. 如何调动厨房员工的工作积极性？

5. 影响厨房生产效率的因素是什么？

6. 一个好的厨师长需要掌握哪些管理员工的技巧？

7. 试分析团队在厨房生产中的作用。

8. 厨房员工培训的内容和形式有哪些？

单元3

厨房的设计与布局

【知识目标】

1. 了解厨房设计布局的概念、意义、影响因素及布局原则。
2. 掌握厨房环境设计的注意事项。
3. 掌握厨房各加工作业间的设计布局要求。

【能力目标】

能在掌握餐饮企业生产布局原则和方法的基础上，模拟设计某餐饮企业的布局。

【素质目标】

1. 培养学生敢于创新、不断探索的敬业精神。
2. 培养学生自主探究的学习能力以及精益求精的工匠精神。

【单元导读】

根据厨房的规模，设计好厨房的组织机构是从事厨房管理的基础。厨房管理者不仅要设计好厨房菜品，管理好厨房员工的生产，而且还要学会设计和布局厨房各作业区。因为厨房设计、布局是否合理，直接影响到厨房生产的成本控制和菜点的质量管理，也影响厨房生产效率、卫生安全管理及员工的工作情绪。如何组织和布局好厨房生产作业的环境，关系到厨房管理能否严格有序，烹饪生产能否连续不断、优质高效。本单元系统介绍了厨房组织机构设置的原则，不同厨房员工的配置、厨房各主要部门的职能以及厨房各作业区及相关部门设计布局的要求，为实施下一步厨房生产创造了良好的条件。

任务1　厨房设计与布局概述

【引导案例】

透明的厨房已成为现代国际厨房设计的独特理念和风格。将厨房生产全面地展示在客人面前，有的通透，有的用玻璃隔开，厨房的所有生产过程全都暴露在客人面前。这种布局设计对生产人员、原料和设备的要求较高，不能有丝毫怠慢。

在餐厅区域，各种鲜活类原料也直接搬进餐厅，让客人放心地点选所需要的菜品。同时，一些特殊菜品的加工也从厨房中移到了餐厅，在客人点选了菜品以后，由当值厨师立即当着客人的面进行烹制。这样，不论是食品原料的新鲜程度，还是厨师们的实际操作，都在客人面前一览无余。对于吃饭的人来说，看到生猛海鲜和独特技艺在面前展示，当然会更有食欲；对厨师来说，这意味着自己的任何动作都要接受顾客的"监督"，丝毫松懈不得。

点评： 如今这种透明厨房的风格特色已在许多饭店采用，特别是烧腊、冷菜和海鲜类饭店厨房的布局，再加上成品菜的明档展示，中国厨房、餐厅的设计已打破了传统的格局。

厨房设计布局是厨房建设的基础，设计布局的结果直接影响到厨房出品速度、出品质量和建设投资。因此，对厨房进行设计布局必须充分研究，切实遵循相关原则，以免产生遗憾。

3.1.1　厨房设计布局的意义

1）厨房设计布局决定厨房建设投资

厨房设计布局确定厨房各工种、区域的面积分配，计划并安排厨房的设施、设备。面积分配合理，设施、设备配备恰当，则厨房的投资费用就比较节省。面积过大、设备配备数量多、功率过大而超过本企业厨房生产需要，或片面追求设备先进、功能完备，都将增加厨房的建设投资。反之，厨房面积过小，设备设施配备不足，生产和使用过程中就会捉襟见肘，影响正常生产和出品。

2）厨房设计布局是保证厨房生产特定风味的前提

无论厨房的结构怎样，其功能分隔和设备的选型与配备，都是与厨房生产经营的风味相匹配、相吻合的。不同菜系、不同风格、不同特色的餐饮产品，对场地的要求和设备用具的配备是不尽相同的。经营粤菜要配备广式炒炉；以销售炖品为主的餐饮，厨房则要配备大量的煲仔炉；以制作山西面食为特色的餐饮，则要设计较大规模的面点房，配备大口径的煮锅、蒸灶。厨房设计为生产提供特色餐饮创造了前提条件。正因为如此，随着企业餐饮经营风味的改变，厨房的设计布局必须作相应的调整，才能保证出品质量优良和风味纯正。所以，伴随餐饮市场行情的不断变化，调整和完善厨房的设计布局，将是一个长期的、不容忽视的课题。

3）厨房设计布局直接影响出品速度和质量

厨房设计流程合理，场地节省，设备配备先进，操作使用方便，厨师操作既节省劳动，又得心应手，出品质量和速度便有物质保障。反之，厨房设计间隔多，流程不畅，作业点分散，设备功能欠缺，设备返修率高，无疑将直接影响出品速度，妨碍出品质量。

4）厨房设计布局决定厨房员工工作环境

"没有满意的员工，就没有满意的顾客；没有使员工满意的工作场所，也就没有使顾客满意的享受环境。"因此，良好的厨房工作环境是厨房员工工作的前提。而要创造厨房空气清新、安全舒适和操作方便的工作环境关键在于从节约劳动、减轻员工劳动强度、关心员工身心健康和方便生产的角度出发，充分计算和考虑各种参数、因素来进行设备选型和配备。

5）厨房设计布局是提供顾客良好就餐环境的基础

厨房相对于顾客就餐的餐厅来说是餐饮的后台。没有分别明显的后台，则不可能有独立完整的前台。因此，要提供给顾客清新高雅、舒适温馨的就餐环境，就应将厨房设计成与餐厅有明显分隔和遮挡且没有噪声、气味和高温等污染的、独立的生产场所。

3.1.2　影响厨房设计布局的因素

厨房设计布局不仅受到餐饮企业内部条件的制约，同时还受到来自餐饮企业以外的条件和政策的影响，在进行厨房设计布局时，必须作充分和综合的考虑。

1）厨房的建筑格局和规模

厨房的空间大小、场地结构形状对厨房的设计构成直接影响。场地规整、面积宽阔的空间，有利于厨房进行规范设计，配备数量充足的设备。厨房的位置若便于原料的进货和垃圾清运，就为集中设计加工厨房创造了良好条件；若厨房与餐厅在同一楼层，则便于烹调、备餐和及时出品。

2）厨房的生产功能

不同生产功能的厨房设计布局考虑的因素也不相同。综合加工、烹调、冷菜和点心等所有具备生产功能的厨房，要求按由生到熟、由粗到精、由出品到备餐进行统一的设计和布局。这样的厨房往往比较少，只见于小型饭店、酒楼。而一般大、中型餐饮企业的厨房往往是由若干功能独具的各分点厨房有机联系组合而成的。因此，各分点厨房功能不一，设计各异。厨房的生产功能不同，其对面积的要求和设备配备、生产流程方式均有所区别，设计必须与之相适应。

3）公用事业设施状况

公用事业设施状况对当地经济有着密不可分的制约和调节作用。对厨房设计影响较大的因素主要是水、电，煤气、天然气的供给与使用更直接地影响着设备的选型和投资的大小。其实，煤气与电之间的选择并不是绝对的，应该视具体烹调设备而定。无论用煤气或电都能产生烤箱及炉灶所需的1650 ℃高温，都能产生蒸汽及红外线能，但是微波烤箱却非用电不可。煤气烤炉比电力烤炉效果更好，而电力油炸炉却又优于煤气油炸炉。煤气易燃性好，电力更安全些。考虑到能源的不间断供给情况，厨房设计应该采用煤气烹调设备和电力烹调设备相结合的方法，以避免受困于任何一种能源供应的中断。总之，厨房设计既要考虑到现有公用设施现状，又要结合其发展规划，做到从长计议，力推经济先进、适度超前的设计方案。

4）政府有关部门的法规要求

《中华人民共和国食品安全法》和当地消防、安全、环境保护等法规应作为厨房设计事先予以充分考虑的重要因素。在对厨房进行面积分配、流程设计、人员走向和设备选型上，都应兼顾法律法规的要求；减少因设计不科学、设备选配不合理，甚至配备的设备不允许使用而造成的浪费和经济损失。

5）投资费用

厨房建造的投资，是对厨房设计，尤其是对设备配备影响极大的因素。投资费用的多少，直接影响到设计、配备设备的先进程度和配备成套状况。除此之外，投资费用还决定了厨房装修的用材和格调。

3.1.3 厨房设计布局的原则

厨房设计就是要确定厨房的风格、规模、结构、环境和相适应的使用设备，以保证厨房生产的顺利运行。厨房布局就是合理安排厨具的平面位置、空间位置，保证生产人员高效的工作流向。因此，厨房的设计与布局就是根据厨房的规模、风格、生产流程及相关部门的作业关系，确定厨房内各区间的位置、设备及设施的分布。应该说合理的布局与设计，可以大大提高员工的劳动效率，使生产的产品质量得到一定的保证。当然，厨房设计与布局是依照饭店的规模、位置、档次和经营方针的不同而不同的，所以设计与布局时应遵循以下几个原则。

1）以饭店的经营方针为导向

任何一家饭店的厨房都不可能完全相同，除了建筑结构难以相同的原因外，更多是基于饭店经营者不同的经营方针、经营目标而导致厨房设计上的差异。加盟连锁式的餐饮厨房，要求提供标准的餐食和快节奏的进餐形式，所以需要餐厅面积较大，以较快的餐桌周转率来提高餐厅的营业额，故厨房设计相对较小，加之中心厨房的配送，可以免去厨房的加工场地，使厨房只需保留烹调区、保温区和冷藏区即可。当然，快餐店的卫生状况如何是吸引食客的重要因素，大多数的快餐厨房都要求敞开式、透明（图3-1），这就要求厨房设计时，选用的各种厨具、设备及装饰材料要便于清洁和打扫。星级饭店的厨房，要求有很强的承接各种宴席的能力，菜肴品质高、出品精美。故设计厨房时要注意以下三点：

第一，设置的风味类型较多，如西厨房、日式厨房、东南亚厨房、火锅厨房、饼房等。第二，安排厨房的配套设施齐全，如扒炉、微波炉、煎炸炉、高压蒸柜、夹层锅等。第三，配备厨房的人员齐全，分工较为细致，如上杂岗、烧腊岗、打荷岗、少司岗等。这样在厨房的设计与布局时，就要考虑各种设备的合理布局以保证工作流程的高效和顺畅，避免货物与人员走动路线交叉。小型饭店和餐馆的厨房则要根据需要配置相应的人手和设备。比如火锅店，一般多用切配的厨师，几乎不需要炒菜的炉灶厨师；而靠海经营海鲜的小饭店，几乎是清一色的蒸柜，不需要炒灶。

图3-1 敞开式厨房

当然，饭店的投资者在决定自己的经营方向之前，还必须了解厨房食品生产所涉及的各项费用和资金，主要有食品生产所消耗的食品原料费、日常经营人工费、日常餐饮经营其他费用、厨房中食品生产设备与器具的费用、食品生产的空间及建筑的投资。食品生产的空间和建筑物在开发期间需要较大的投资资金，通常在经营期分摊到折旧费和利息费用中。通常食品生产的空间和建筑物的生命周期为30～40年，生产设备的生命周期平均为10年。厨房建筑与设备的投资额及利息除以使用年限再乘以每年的天数，得出平均每天的固定成本。了解每天所需的固定费用，饭店的投资者才能选定自己的经营方向和目标。比如，有的饭店在考察了市场需求后，决定自己的饭店不雇用点心师，原因有两点：一是多数顾客在宴席中，对菜肴的兴趣比对点心的兴趣大，上桌的点心多数被浪费掉。二是雇用点心师及安排场地、设备生产点心投资费用加大，不如去购买超市生产的点心，反而花费较少。

2）布局中考虑员工的劳动效率

员工的劳动效率会依赖厨房的合理设计和布局。通常厨房的生产要具有合理的流程线路，如果在布局和设计中没有选出最佳的厨房构图，而是用固定厨具设备打乱生产的流程，就会使员工疲于奔命。这样在同等的劳动时间内，员工所创造出的价值就不会高。所以要提高员工的劳动效率，应从以下几点来考虑。

（1）生产线路的合理安排

生产线路的安排要遵循以下几点：

①以工艺流程的走向为依据。要使生产操作方便，必须布局好厨房，形成流水作业，如任何一间厨房的生产都要遵循收货处—加工台—砧板台—配菜台—炉灶台—传菜台的流动过程，不能颠倒流程的次序，否则将造成工作中的混乱状况。为了保证厨房工作的正确流向，尽可能进行分区设计，如加工区、清洗区、备餐区等。

②选择最佳员工工作的流向。应该设计最方便、路程最短的工作线路，比如砧板与炉灶最好是直线距离，冷菜间的传菜窗口可以直接到达餐厅等。还应该设计员工、货物专用的进出通道，避免员工与货物、设备发生碰撞而引发危险，进而造成工作效率低下。其中，货品通道可以考虑避免穿过烹调作业区。

③根据固定设备的位置来确定工作流向。由于每间厨房的面积和空间是设计之前就确定的，所以任何一间厨房出菜的线路都要灵活设计。在厨房中设备是固定的，而人是可以走动的，因此确定设备的位置至关重要，人工作的流程线路必须随设备的确定而确定。当然设备确定的位置不同，会造成人员走动线路上的不同，设计不好就会影响员工的工作效率。

（2）厨房设备的工作效率

厨房的设备可分四代：第一代土灶，使用土台子切配；第二代瓷砖灶、煤灶，使用木制案板切配；第三代不锈钢设备；第四代电脑控制的设备。从卫生、高效的角度来看，现代厨房至少应该使用第三代厨房设备。提高厨房设备的效率应该注意以下两个方面。

①设备加工的先进性。自动控制、易于操作的烹饪设备，可以提高员工的劳动效率，降低劳动强度，提高产品的质量。例如用现代化的切肉机切肉只要5分钟，而同样量的肉用人工切需要15分钟；50千克土豆以削皮器去皮只要20分钟；用切蔬菜机切菜能比人工操作节省4～6倍时间。尽管加工型机器在原料数量不多时，表现出浪费或出料率不高，但在批量生产时它体现出高质量、高效率的特点，这是手工不能替代的。

②考虑设备布局的合理性。设备布局要考虑同类工作安排的一致性，不要将设备分开放置，否则员工会疲于奔波。比如洗碗机呈L形能节省空间，蒸笼岗的蒸灶、矮仔灶、煲仔灶应靠在一起，面点的煎炸炉、烤箱要放在一起等。

（3）厨房空间的合理/人性化布局

布局厨房的空间，一种是利用厨房的长宽来充分安排厨房的各种工作设备，从人体工程学角度考虑，要让员工能在最适宜的环境下工作，这是保证员工工作效率的一种途径。比如安排工作台之间的距离要适当，如果作为通道，两工作台之间的宽度应该不少于1.2米，而员工工作中心最小的宽度应为2.74～3.05米；对标准身高的员工来说，工作台高度应以0.85米为佳，过高或过低的工作台只能带给员工更多的疲劳。从人体的特点来看，一个人站立时双手张开，手能伸张的范围大约为0.48米，而以轴体为中心则在0.71米左右，所以一个人所需要的作业面积是长1.5米、宽0.5米的范围，如果有倾斜动作，那么他所需要的作业面积是长1.7米、宽0.8米的范围。充分认识这些数据，对于管理者安排厨房设备是很有帮助的。另一种是充分利用厨房的空间。比如设计壁橱、吊杠来储藏、摆放物品，以合理利用空间。当然，壁橱、吊杠应当设计在员工可操作的范围以内。

在厨房的设计中，应该考虑厨房的空间要留有一定的发展余地，要根据厨房自身的特点，合理安排设备和投入资金，这从厨房生产的长远规划和餐饮的发展趋势来看，是十分必要的。

3）选择最佳保护食品的环境

现代厨房在设计和布局时要考虑厨房的温度、湿度等许多方面的因素，尽管从表面上看这些因素不重要，事实上它对菜肴的质量有很大影响。这部分内容在厨房环境设计中会详细介绍。在厨房生产中，炉灶、冰箱、蒸柜、洗涤设备等散发出来的热量会影响厨房的

整个工作环境，使厨房的温度、湿度大大增加。如果食物不能处在一个良好的环境中，必将很快地腐败变质，为此，厨房设计时要充分考虑添置中央空调，安排抽湿机、排风机等设备，减少不利因素，保证食物在一个良好的环境下储存。

当然，除了对厨房的环境温度、湿度进行调控以外，运用适量的储藏设备也十分必要，一般食品的储存多使用冰箱、冰柜。冰箱存储的方式有很多种：一是冷库，专门保藏厨房缓用的动物性冻品，温度多在 −25 ~ −18 ℃（图3-2）。二是冷藏冰箱，专门保藏厨房需要保鲜的动物性原材料，温度多在 −10 ~ 0 ℃。三是保鲜冰箱，专门保藏厨房急用的鲜品原料如蔬菜、水果，温度多在 −5 ~ 4 ℃。

图3-2　厨房冷库

4）确保厨房符合安全卫生的要求

厨房在规划布局时，一定要远离重工业区和有化工厂、有污染的地区，方圆500米以内不能有粪场、垃圾场。若在居民区，半径30米内不得有尘埃、毒气的作业场所。在厨房内部，从食品要求的角度出发，厨房要具备洗涤、消毒的水槽，要具备良好的下水、可移动的设备、不锈钢的易清洗的炉灶、灭蚊蝇设备、垃圾处理设备等，以保证污物、蚊蝇等容易造成细菌滋生的源头被尽早地清除，降低食品被污染的机会。其附属设施还要考虑到垃圾运送的通道。当然，在厨房设计中还要考虑防止一些金属及合金（锌、铜、铅、镉、锑）对食物的污染。

如果从安全的角度考虑，厨房在设计时还应重视安全设施的建设，其中首先要考虑的安全因素就是防止火灾的出现。为此，在建筑材料选用上，应使用耐火力较高的材料。耐火力是指建筑材料遭遇高热后不发酥、下塌的支撑能力。一般钢柱在温度达到5500 ℃就会软化得像黄油一样。另外，预防火灾的报警、灭火器材必不可少，如火警的报警器、消防指示灯、烟控警报器、煤气警报器、喷水器、消防器材（消防毯、灭火器）都应该一应俱全（图3-3），对与火灾有关的其他附属设施进行合理规划，比如消防通道等。其次，要考虑诱发人身伤害的因素，比如地砖是否为耐磨、坚硬的防滑砖，是否有专用的刀具架，电器是否安全不漏电，油烟罩是否有安全的清油设备等。

图3-3 厨房自动灭火装置

任务2 厨房的设计

【引导案例】

近来，鹏飞餐厅常常接到客人的投诉，有的说菜品的颜色偏深，有的说菜品中常出现小的异物，有的说菜肴的光泽不行。杜老板总是在抱怨，说厨师长在管理上有问题。厨师长也很苦恼，自己也找不到根源。于是，杜老板找来了餐饮管理专家到饭店诊断。专家来到厨房，发现厨房的光线较暗，以至于对菜肴的颜色把握不准，小的异物看不清。并指出厨房里通风效果不好，燃油炉灶、排风机的噪声超过了80分贝，这样会使厨师们的工作积极性受到影响，容易不耐烦、不专心，工作效率不高。专家建议杜老板重新设计和改造厨房，给厨师一个明亮、通透的良好工作环境，这会调动厨师的工作积极性并带来菜品质量的提升。听了专家的一席话，杜老板无话可说，与过去所想的只要餐厅环境好能吸引客人就行的观点发生了碰撞。找到了事情的缘由，杜老板决定请人重新设计厨房，为厨房生产基地营造一个舒适的环境。

点评： 为了餐厅经营而压缩厨房面积，为了餐厅美观而不顾厨房环境，这是许多老板的想法，到头来影响了菜品的质量，也挫伤了厨师的工作热情，甚至转向其他餐厅。因此，在厨房设计布局中一定要注意这些重要的"细节"。

厨房整体与环境设计，即根据厨房生产规模和生产风味的需要，充分考虑现有可利用的空间及相关条件，对厨房的面积配备进行确定，对厨房的生产环境进行设计，从而提出综合的设计布局方案。

3.2.1 厨房面积确定

厨房的面积在餐饮面积中应有一个合适的比例。厨房面积对顺利进行厨房生产是至关重要的，它影响到工作效率和工作质量。面积过小，会使厨房拥挤和闷热，既不安全，又会影响员工的工作情绪；面积过大，员工行走的路程会增加，工作效率自然会降低。因此，厨房面积的确定应该在综合考虑相关因素的前提下，经过测算分析，认真研究确定。

1）确定厨房面积的考虑因素

（1）原材料的加工作业量

发达国家烹饪原料的加工大多已实现社会化服务，如猪、牛等按不同部位及用途做到了统一、规范的分割，按质定价，餐饮企业购进原料无须很多加工，便可烹制。我国烹饪原料市场供应不够规范，规格标准大多不一，原料多为原始的、未经加工的初级原料，原料购进店后需要进行进一步整理加工。因此，不仅加工工作量大，生产场地也要增大。若是以干货原料制作菜肴为主的餐饮企业，其厨房的场所，尤其是干货涨发间更要加大。

（2）经营的菜式风味

中餐厨房和西餐厨房所需面积要求不一，西餐相对要小些。这主要是因为西餐原料加工精细化程度、规范化程度高，同时，西餐在国内经营的品种也较中餐要少得多。同样是经营中餐，宫廷菜厨房（图3-4）就相对比粤菜厨房要大些，因为宫廷菜选用的原料中干货原料占有很大比例。同是面点厨房，制作山西面食的厨房就要比广式点心、淮扬点心的厨房大，因为晋面的制作工艺要求有大锅灶与之配合。总之，经营菜式风味不一，厨房面积的大小也是有明显差别的。

图3-4　宫廷菜厨房

（3）厨房的生产量

生产量是根据用餐人数确定的。用餐人数多，厨房的生产量就大，用具、设备、员工等就多，厨房面积也就要大些。然而用餐人数的多少，又与餐饮规模、餐厅服务的对象、供餐方式（是自助餐经营，还是零点或套餐经营）等有关。用餐人数常有变化，一般以常规经营餐位数量为依据。

（4）设备的先进程度与空间的利用率

厨房设备更新变化很快。设备先进，不仅能提高工作效率，而且功能全面的设备可以节省不少场地。如冷柜切配工作台，集冷柜与工作台于一身，可节省不少厨房面积。厨房的空间利用率也与厨房面积大小很有关系。厨房高度足够，且方便安装吊柜等设备，可以配置高身设备或操作台，这样在平面用地上就有很大节省。厨房平整规则，且无隔断、立柱等障碍，为厨房合理、综合设计和设备布局提供了方便，为节省厨房面积亦提供了条件。

（5）厨房辅助设施状况

为配合、保障厨房生产，必需的辅助设施在进行厨房设计时应一并考虑。如员工更衣室、员工食堂、员工休息间、办公室、仓库、卫生间等辅助设施，在厨房之外大多已有安排，则在厨房面积内可充分节省，否则厨房面积将要大幅增加。这些辅助设施，除了员工福利用房外，还有与生产紧密相关的煤气、天然气表房以及液化气罐房、柴油库、餐具库等。

2）厨房总体面积确定方法

（1）按餐位数计算厨房面积

按餐位数计算厨房面积要与餐厅经营方式结合进行。一般来说，与供应自助餐餐厅配套的厨房，每一个餐位所需厨房面积为0.5～0.7平方米；供应咖啡厅制作简易食品的厨房，由于出品要求快速，故供应品种相对较少，因此每一个餐位所需厨房面积为0.4～0.6平方米；风味厅、正餐厅所对应的厨房面积就要大一些，因为供应品种多，规格高，烹调、制作过程复杂，厨房设备多，所以每一餐位所需厨房面积为0.5～0.8平方米。

（2）按餐厅面积来计算厨房面积

国外厨房面积一般占餐厅面积的40%～60%。饭店餐厅面积在500平方米以内时，厨房面积是餐厅面积的40%～50%；餐厅面积增大时，厨房面积比例亦逐渐下降。

国内厨房由于承担的加工任务重，制作工艺复杂，机械加工程度低，设备配套性不高，生产人手多，故厨房与餐厅的面积比例要大些，一般接近70%。随着餐厅面积的增大，厨房占餐厅面积的比例也在缩小。

（3）按餐饮面积比例计算厨房面积

厨房面积在整个餐饮面积中应有一个合适的比例，餐饮企业各部门的面积分配应做到相对合理。如厨房的生产面积占整个餐饮总面积的21%，仓库占8%。需要指出的是，这个比例是包含员工设施、仓库等辅助设施在内的比例。在市场货源供应充足的情况下，厨房仓库的面积可相对缩小，厨房的生产面积则可适当增大。

3.2.2 厨房环境设计

厨房空间与环境设计实际上是对厨房的工作环境及各种附属设施进行规划与安排的过程。

1）厨房的空间

厨房的空间规划首先考虑的是高度，一般厨房的高度不宜过低，过低会使人产生压抑感，不利于通风透气，还会导致厨房温度增高；当然，高度过高也不必要，这样会使建筑装修和管道、设备维护遇到更多的麻烦。依照厨房生产的经验，毛坯房的高度一般为3.8～4.2米，吊顶后厨房的净高度为3.2～3.8米，一般吊顶的材料多选用耐火的、可拆卸的、可移动的石棉或轻型不锈钢板材，易清洗、不粘油。遇到管道维修时，工程人员可以轻易地拆卸扣板进行维修。不过需要注意的是，在实际设计时有许多厨房也采用不吊顶的方式，只是将毛坯房经过一定的处理，比如将煤气管道暴露、通气管道包裹、屋顶上刷涂料防止灰尘等，便于维修和通风，同时还省去一定的装修费用。

厨房的空间隔断要得当有效，有时厨房隔断区域规划得不好，会影响工作的效率。在众多的厨房中，归纳起来有三种形式的隔断布置：

一是统间式（图3-5），即将厨房加工区、烹调区、洗涤区布置在一个大空间内，各工序间联系方便；但线路易交叉，当排气、噪声产生时，互相影响较大；一般多适用于中小型厨房。

图3-5　统间式厨房

二是分间式，即将加工、切割、烹调、冷菜、点心、洗涤分别设计在专用的房间内，生产专业化，可以独立进行；但间隔太多，场地利用率不高，员工工作效率低下，影响菜肴出品的速度。过去许多宾馆都采用这种方式。

三是统分结合式（图3-6），它吸收了上述两种形式的优点，统筹综合设计厨房，是现在较流行的一种设计方式。比如将冷菜间、点心间单独设计，使它们既相互独立、互不干扰，又与区域有着一定的联系；而将切配与荷台、炉灶有机地安排在一起，之间不设立隔断，以保证出菜线路的顺畅。

图3-6　统分结合式厨房

2）厨房的门窗

厨房的门一般要考虑进出的方便，依据不同的功效，设计成各种形式的门。比如，在厨房和餐厅之间开设的门，可以设计成无把手的单向弹簧门，便于服务人员在无法使用手推门的前提下，用身体将门打开。而在厨房与外界相连的地方，最好使用自动闭门器，防止蚊蝇的进入。当然，在材质上多选择木制或其他防水材料的门，而非铝合金材料，因为铝合金材料易变形走样，在现今的小饭店厨房中多用，效果不佳。一般为防止木制门长期使用后易脏难清洗，可在门把手位置或踢脚线位置安装不锈钢片，以便于清理和打扫。针对厨房对外进货的门应该制作得宽大些，其宽度不应小于1.1米，高度不小于2.2米；而其他的分隔门，宽度不小于0.9米，目的是方便货物和服务车的进出。

在厨房窗户的安排上，要便于通风和采光。为此，处理窗户时，应设计一道纱窗。若厨房窗户不足以通风采光，可辅以电灯照明、空调换气。在实际设计中，也有些厨房具有良好的通风、换气设备，而将厨房的窗户封死，防止员工习惯性地开窗而导致蚊蝇进入厨房。

3）厨房的墙壁、地面

厨房的墙体最好是选用空心砖砌成，因为空心砖有吸音和吸湿的效果。由于厨房每天都要清洁，会接触到水及水汽，故应对离地面1.5米以下的墙体进行防水处理。经防水处理后的墙体应贴上优质的瓷砖，且从上铺到下。在厨房的拐角和与地砖接触的地方采用弧角瓷砖贴铺，以便于清洗和清除死角。

厨房的地面通常要求铺耐磨、耐重压、耐高温和耐腐蚀的地砖。在铺设地砖前，要做好防水处理，并且注意地面的坡度，为了利于排水，其坡度应该保持在1.5%～2.0%（每米的斜度在0.15～0.2米）。在地砖的选用上多采用耐磨、不具吸附性、易洗涤的防滑材料，在易受到食品溅液或油滴污染的区域则使用抗油材质的板材。目前厨房基本上淘汰过去以水磨地、马赛克作地面的方法，多选用无釉防滑地砖、耐热的塑料砖、环氧树脂砖和硬质丙烯酸砖（图3-7）。地砖应选择单色调、没有对比花纹，也不过于鲜艳的材料，避免厨房工作人员情绪烦躁。

图3-7 厨房地面地砖

4）厨房的照明

厨房的采光非常重要，光线不足会使员工疲劳，从而影响到工作效率，使人产生厌烦情绪，这点往往被人们所忽略。一般情况下，厨房除了自然采光外，必须选用照明器材来补光。在设计厨房的照明时既要考虑光照的强度，还要考虑光的颜色、照射方向及稳定性。厨房内一般照明度在200勒克斯为佳，而食品加工烹调则需400勒克斯。

在厨房中的加工场所，要选用荧光灯作照明材料，其颜色应选冷黄色、暖白色和冷白色的色调，切忌使用夺目的荧光灯，因为它会改变食品的颜色（图3-8）。有些荧光灯不能传递所有的颜色特别是红色，会使食品失色或产生假色。在厨房炉灶的烟罩中，要选用带罩防爆的有黄光的白炽灯，荧光灯一般不适用。选用这种灯照明，一是遇热汽油烟抗爆裂，二是使菜肴呈现诱人的色彩，这与餐厅选用的光源是一致的。另外，厨房的墙壁上可以装上一些应急灯进行断电时的照明，防止发生意外。

照明光源放置的位置一定要合理，不能使工作区产生阴影或作业区之间存在亮度差，如果有阴影和亮度差，会使眼睛疲劳。有时为了保证灯具照明的稳定，不出现跳跃，可以使用两个辅助灯来消除故障，同时可以安装灯罩或隔网，灯池内安装反光板来使光线柔和。一般厨房的灯具会安排多组，多组灯会使光源交叉，除去厨房中的阴影，使工作的环境明亮、清洁。需要提醒的是，安装灯具时光源最好不要安排在操作者头顶上方，主要是防止垂直照射产生阴影，影响厨师的操作。

图3-8　厨房照明效果图

5）厨房的噪声

人正常能听到的最低声音是1分贝，而在60分贝以上的噪声环境中人容易激动和暴躁，到了150分贝达到了人耳痛的临界音强。一个噪声大的厨房的音强为70分贝，而控制好的厨房噪声应该在20～30分贝。厨房噪声主要来自鼓风机、排（抽）风机电机运转的声音、搅拌机搅动的声音、高压蒸汽排气的声音、送风管道的振动等。另外，用餐高峰期人员的嘈杂声、锅盆的碰撞声与主要噪声交汇在一起，长时间下来使人心烦意躁。因此缓解噪声十分必要，具体解决的途径有以下几种：一是降低声源的噪声辐射，比如给机器封闭或遮蔽或加消音器、防振器；二是控制噪声的传播途径，采用吸声材料或隔音材料；三是选择低噪声的设备，比如鼓风机可以选用中压低噪的风机，有条件的话，可在烹调空间以外设立空气压缩机，通过管道输送到炉台；四是让工作人员培养良好的工作习惯，不要故意敲打器物，人为制造噪声；五是厨房安装背景音乐缓解员工的疲劳。

6）厨房的温度

温度是环境因素中最重要的一个。厨房内温度的控制应该随季节的不同而不同，这是因为人体的体温会随季节的不同作出调整。如果厨房的温度过高或冬天太冷都会影响工作效率。经调查，在温度低于10 ℃时，厨师的腿和胳膊会感到发僵；而高于29 ℃时，厨师的心跳会加快而迅速产生疲劳。在现代厨房中，环境温度的不同不仅会对厨房的员工造成影响，而且会对摆放在厨房中的各种生、熟食品产生一定的影响。比如，夏天在有空调的厨房里，生产人员加工食品原料，可以将生产好的原材料摆放在厨房中，一般人们不会担心原料过久摆放会影响原料的新鲜度，放心程度较高。相反，闷热、潮湿、无空调的厨房，生产时就要时刻留意被加工原料的新鲜程度，在这种情况下，许多厨房采用冷水浸泡或不断换水的方式处理未储存在冰箱内的原料。然而，在实际生产工作中，厨师不可能将所有加工与未加工的原材料统统放入冰箱，多数是为了保持一种操作上的方便，而将原料摆放于厨房中，凭经验感知原料的新鲜程度。如此一来，厨房环境温度受气温的影响出现的高低不等，致使原材料变质、腐败的概率大大增加，进而影响到生产的成本。因此，对现代厨房要求最好控制一定的环境温度。

除了厨房本身环境温度外，厨房中诸如冰箱、蒸汽管道、炉灶等设备都会在厨房生产时产生大量的热量。所以在对厨房环境进行改善的过程中，采用一定的降温方法也是十分必要的。比如，在加热设备上方安装抽风机或排油烟机；对蒸汽管道、热水管道进行隔热处理；冰箱安放在通风条件好的地方，以利于散热；实时通风降温等。

7）厨房的通风

厨房的通风一般有两种：一种是自然通风。一般中小型经济饭店多用，主要以房屋的门窗、屋顶的天窗作为通风换气的通道，利用室内外温差所引起的气流达到换气的目的。此种通风的方法要求门窗开放，所以在夏季会导致苍蝇、蚊虫的增多。另一种是机械通风（图3-9）。机械通风就是利用机械设备的工作进行送排风，达到厨房空气的置换，目前为多数饭店所采用。在厨房生产时，一旦机械通风开始工作，它可以使厨房的空气产生流动，进而形成压差，使餐厅的气流压力大于后台厨房的压力。这样一来，厨房燥热的气流及油烟不会流向用餐区，既调节了厨房污浊的空气，又防止了灰尘、蚊子、苍蝇的入侵。如果要使餐厅的效果更好，厨房与餐厅之间要有一个过渡空间（也叫备餐间），在其间可以安装风幕帘，即由上而下的强风形成的一个隔离风幕，以此来保持餐厅、厨房各自不同的环境空间。

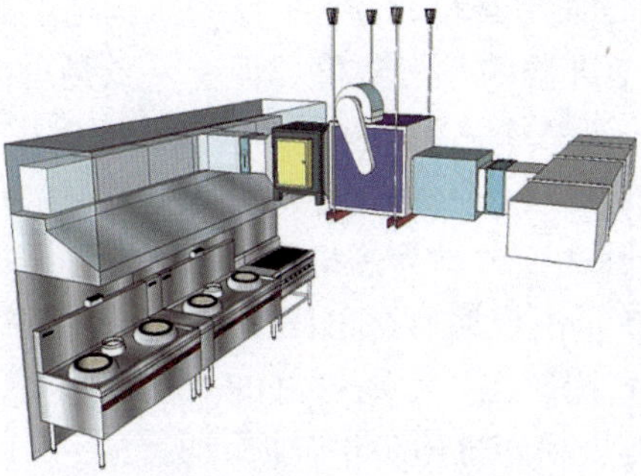

图3-9 厨房机械通风系统

机械通风的主要方法是送风和排风，送风包括全面送风和局部送风两种。全面送风是利用饭店的中央空调的送风管直接将处理的新风送到厨房。由于厨房炉灶岗位的特殊性，这种新风对炉灶的厨师来说是必不可少的。一般有两种送风方式：一种是通过油烟罩上的可调节装置来使新风由上而下输送；另一种是从侧面通过送风口输送，使风吹向厨师的背后，这种风力的大小是可以调节的。局部送风主要是利用小型空调设备来进行送风，一般不使用中央空调的饭店或某些要求较低温度的特殊岗位采用此方法，比如冷菜间。送风装置的设立是保证厨房工作人员高效率工作的前提，只有交换了厨房污浊、潮湿、闷热的空气，才能保证员工的健康。

排风主要是利用排风设备排去厨房中污浊、潮湿、闷热的空气，保证厨房有一个良好的空气质量。一般排风主要是用油烟罩排气为主，在一些中小饭店油烟罩排气的效果不佳，多选用排气扇辅助排气。

另外需要说明的是，在排烟罩的选择上，目前较为流行的是运水烟罩，它是利用加入去油污洗涤液的循环水来冲刷烟罩，使烟罩的油烟产生时就被循环水带走，不留下油污，防止长时间使用产生油垢，避免产生火灾的隐患。一般烟罩安装时，保持的罩口应比灶台宽0.25米，罩口的风速应大于0.75米/秒，排气管出口应附有自动挡板，以防昆虫进入。

厨房经过通风设备的安装，一般可以使工作环境大大改善。当然在调试的时候一定要有专业的标准，以发挥通风设备的最佳效能。实践证明，通风系统换气40～60次/小时可以使厨房保持良好的通风环境。

8）厨房的湿度

所谓湿度就是空气中含水量的多少。评价湿度的标准是以人体感觉为基础，湿度过高，人容易疲劳，感到胸闷，食物易发霉变质；湿度过低，人会感到皮肤干燥、嘴唇干裂，会引起鼻、咽喉等黏膜疼痛，甚至出血，原料会出现干瘪、脱水的现象。可见湿度过高或过低都会降低人们的工作效率。一般人体最适当的环境湿度是在55%～56%。不过，湿度会随着温度变动而不同。理想的环境温度在20%～25%，湿度为相对湿度的65%；而在夏季，当气温为30 ℃时，湿度可以达到70%左右。

9）厨房的排水

在厨房内部环境设计中，一上一下最重要，一上即通风，一下即排水，可见排水的处理在厨房生产中是处在一个非常关键的地位。

厨房的排水可以分为两种形式：一种是国内常用的明沟排水。排水沟设置为多条平行或垂直水沟，一般距墙壁3米，而与其相邻的另一条排水沟与之最好相距6米（图3-10）。虽然目前对厨房用水量没有一个准确的参考数值，但有一点是可以肯定的，厨房的排水量一般以总水量的90%作为总数计算，并受环保部门的监督。所以排水设计时应要求排水沟的宽度在20厘米以上，而深度至少15厘米，水沟底部的倾斜度应在0.2%～0.4%，排水沟底部与沟面连接处要有0.5米半径的圆弧，材质为易洗、不渗水、光滑的材料，有条件的酒店可以使用不锈钢的槽道和栅栏板。下配金属网，网眼小于1厘米，防止老鼠和爬虫的进入。同时排水沟尽量避免弯曲，要走直线。在一些条件好的高档酒店中，往往在排水沟口、洗涤池通往排水的关键处，安装有垃圾粉碎机，防止杂物堵塞。

图3-10　厨房排水沟

另一种是暗沟排水，在国外的酒店厨房中多用。暗沟多与地漏相连，这对排水要求较高。地漏的直径不宜小于0.15米，径流面积不宜大于25立方米，径流距离不宜大于10米。采用暗沟排水，厨房显得更为平整、光洁，易于设备的摆放，无须担心明沟带来的各种异味。一些饭店在设计暗沟时，还考虑了在暗沟的某些部位安装高压热水龙头，厨房员工每天只需要开启一两次水龙头就能将暗沟中的污物冲洗干净，防止杂物堵塞。

10）厨房的音乐

厨房设置背景音乐不是所有的酒店都有，但从效果上看，非常必要。一是可以消除员工对噪声产生的疲劳；二是可以缓解生理上的疲劳，提高劳动的效率。实验证明，音乐可以帮助职工提高工作效率4.7%～11.4%。当然，音乐除能遮盖噪声外，还可以为工作制造节奏感。比如，在经营种类不同的餐饮企业中，其厨房音乐选择的内容是不同的。在快餐店中，为了提高员工的工作效率和餐厅的翻台率，可以适当地选择节奏比较快的音乐。而在宾馆、饭店的厨房中，最好选用以轻音乐、钢琴、吹奏为主的音乐，不要选择歌曲，防止分神。音乐的演奏时间以12~20分钟为宜，一天最长不超过2.5小时，音量控制在5~7分贝。

3.2.3 厨房布局类型

厨房布局应依据厨房结构、面积、高度以及设备的具体规格进行。通常厨房设备布局可参考以下几种类型。

1）直线形布局

直线形布局适用于高度分工合作、场地面积较大、相对集中的大型餐馆和饭店的厨房。所有炒灶、炸炉、蒸炉、烤箱等加热设备均呈直线形布局。直线形布局通常是依墙排列，集中布局加热设备，集中吸排油烟。每位厨师按分工相对固定地负责某些菜肴的烹调热制，所需设备工具均分布在左右和附近，因而能减少取用工具的行走距离。与之相应，厨房的切配、打荷、出菜台也直线排放，整个厨房整齐清爽，流程合理通畅。但这种布局相对餐厅出菜，可能走的距离较远。因此，这种厨房布局大多服务于两头餐厅区域，两边分别出菜，这样可缩短餐厅跑菜距离，保证出菜速度。

2）相背形布局

相背形布局是把主要烹调设备如烹炒设备和蒸煮设备分成两组背靠背地组合在厨房内，中间以一矮墙相隔，置于同一抽排油烟罩下，厨师相对而站进行操作。工作台安装在厨师背后，其他公用设备可分布在附近地方。相背形布局适用于方块形厨房。这种布局由于设备比较集中，只使用一个抽排烟罩比较经济。但环绕加热区域设计的配菜与打荷布局则相对距离变远，操作、沟通略显困难。

3）L形布局

L形布局通常将设备沿墙壁设置成一个直角形，把煤气灶、烤炉、扒炉、烤板、炸锅、炒锅等常用设备组合在一边，把另一些较大的如蒸锅、汤锅等设备组合在另一边，两边相连成一直角，集中加热排烟。这种布局方式因地制宜，节省场地，同时还可以缩短走路距离，在一般酒楼或包饼房、面点生产间等厨房得到广泛应用。

4）U形布局

厨房设备较多而所需生产人员不多、出品较集中的厨房部门，可按U形布局，如点心间、冷菜间等。将工作台、冰柜以及加热设备沿四周摆放，留一出口供人员、原料进出，甚至连出口亦可开窗从窗口接递。这样的布局，人在中间，取料、操作方便，节省跑路距离；设备靠墙排放，既平稳又可充分利用墙壁和空间，显得更加经济和整洁。

5）面对面平行布局

面对面平行布局主要是将烹调设备置于厨房两边，再将工作台放置于中央，在工作台之间有往来通道。

任务3　厨房作业间设计布局

【引导案例】

山城饭店重新装修改造完成。厨师们兴高采烈地进入厨房工作，新厨房安装了中央空调，墙面使用了消音装置，厨师工作环境有很大改善。但是厨房在使用了一周后，设计上的缺憾便显露出来。厨师们反映：第一，在热加工厨房，每当蒸箱工作时，蒸汽便布满厨房，地面的积水也会增加，厨师需要穿雨鞋才能工作。第二，在L形厨房布置的灶台拐角处，灶眼附近开餐时的环境温度达到47 ℃。厨师需三班人马，轮流上灶炒菜，然后吃西瓜、喝啤酒、上厕所才能降温。第三，每当面点间烤箱烤制食品时，房间内充满烤制品的味道和热浪，有时室温高达50 ℃。

点评：厨房作业间设计的失误不仅影响厨房出菜速度和质量，还会影响厨房员工的工作效率与身心健康。

厨房作业间，实际上是在大厨房即整体厨房涵盖下的小厨房的概念，是厨房不同工种相对集中的作业场所，也是一般餐饮企业为了生产、经营的需要，分别设立的加工厨房、烹调厨房、冷菜厨房、面点厨房等。厨房作业间的设计，就是对上述作业场所的设计。

3.3.1　加工厨房设计布局

加工厨房，又叫主厨房或中心厨房，是相对于其他烹调厨房而言的。加工厨房将整个餐饮企业与各餐厅对接的烹调厨房所需原料的申领、宰杀、洗涤、加工集中于此，按统一的规格进行生产，再分别供给各点厨房烹调出品。

1）设计加工厨房的优点

传统的厨房设计，多在每个餐厅的背后设计布局一套完整的厨房，即有独立的加工间、冷库、切配及烹调间、冷菜间和面点间。这样做的好处是方便各点人员管理，方便各不同餐厅与相应厨房进行独自的用料及成本核算。其实，对设备的利用、人员的配置和卫生工作量的大小及各厨房分别申购、领货所带来的成本的负面作用更为严重。因此，餐饮企业集中设计和布局统一的加工厨房势在必行，其优点如下。

（1）集中原料申购、领货，有利于集中审核控制

厨房加工集中以后，各烹调出品厨房根据客情预订或零卖的销售量，定时将次日（或下一餐）所需要的菜点原料（加工净料）向加工厨房进行预约订料（此订料数量为已经过精加工的净料数量），再由加工厨房将各烹调厨房所订原料进行汇总，并根据各种原料的出净率和涨发率折算成原始原料，统一向采供部门和仓储部门申购或申领。这样做，不仅简化了每个厨房直接向采购和仓储部门订货、领货所需要的烦琐手续，节省了相应的劳动，更重要的是方便厨房管理者对原料的订、领进行集中审核，更利于对原料的补充和使用情况进行控制。

（2）有利于统一加工规格标准，保证出品质量

所有厨房的加工统一以后，首先将各出品厨房、各种原料的加工规格进行严格审定，继而对加工厨房厨师进行集中培训，让每位加工厨师都明确并掌握本企业各种原料的加工

规格。在平时操作中，再辅之以督导检查。这样，可以保证各餐厅出品的同类菜肴都能做到形象一致、规格标准，为稳定和提高餐饮企业出品质量创造基础条件。

（3）便于原料综合利用和进行细致的成本控制加工

集中以后，将原来各点直接订货变成集中统一订货，这样，各点厨房原本难免出现的高价、高规格订货，就可能因集中订购、统一进货而使餐饮企业减少购货成本支出。比如，A烹调厨房需订购鱼头，B烹调厨房需订购鱼划水（鱼尾），C烹调厨房需订购鱼肉加工鱼片。分别订购，不仅采购单价贵，而且货难买，采购工作量也大。A、B、C三个厨房通过向加工厨房订货，加工厨房便可将所需原料进行归类整理、集中订购，既经济，又方便了采购，切实做到了原料的综合利用。

原料集中加工，便于厨房统一进行不同性质原料的加工测试。如对干货原料进行涨发率的测试，对整鸡、整鸭进行出净率测试。通过技术精湛的厨师加工测试，找出最为方便和高效的加工方法，并规定其加工程序。在此基础上，培训并交由加工厨房其他厨师操作，则对提高加工出品质量和加工成品率都具有积极作用。将各类加工原料按规定数量分装（有条件的配备真空包装机，对已加工原料进行分装），注明加工时间，对各烹调厨房原料领用情况及时准确地核计，为餐饮成本控制提供了准确而可靠的数据。

（4）提高厨房的劳动效率

将所有原料加工统一集中以后，加工厨房的人员被安排从事相对固定的某几种原料的按规格涨发、切割或浆腌工作，技术专一，设备用具集中，熟练程度提高，厨房的工作效率也随之提高。

（5）有利于厨房的垃圾清运和卫生管理

目前，国内大部分食品原料市场仍处于初级阶段，缺乏系统和规范。因此，餐饮企业为了保证消费者利益，保全企业声誉，购进的食品原料几乎都是未经加工的、鲜活完整的原始原料；或虽经宰杀，仍需做大量拆分、摘洗等基础工作的初级原料。这样，不仅给企业带来了巨大的加工工作量，而且随着原料加工的完成，各类垃圾随之大量产生。如果各厨房分别进货、各自加工，整个厨房生产区域便显得杂乱不洁，给厨房卫生管理带来巨大困难。集中加工以后，垃圾得到了集中管理，在厨房卫生面貌改观的同时，清洁费用也会明显降低。

2）加工厨房的设计要求

集中设计加工厨房，对厨房生产和管理有明显的益处。而要充分发挥加工厨房的积极作用，在对加工厨房进行设计时，必须符合以下要求。

（1）应设计在靠近原料入口并便于垃圾清运的地方

所有进入厨房的原料，尤其是各种鲜活原料，大都需要经过加工处理。因此，供货商将原料运至餐饮企业以后，首先是经过验货，办理收货手续；紧接着就是将原料送进或领回到加工厨房进行加工处理。加工厨房原料入口处应靠近卸货平台，或将验收货物办公室综合设计在加工厨房的入口处，这样不仅可以节省搬运货物的劳动，还可以减少搬运货物对场地的污染，更可以有效地防止验收后的原料被丢失或调包。另外，加工厨房每天会产生若干在加工过程中被剔除的原料的边皮、鳞片等废弃物，虽然这些垃圾在加工厨房被相对集中地储放于有盖的垃圾桶内，但随着垃圾的增多和厨师班次的交接，垃圾及时清运出店或转送至密封的垃圾库是必要的。故而加工厨房应设计在便于垃圾清运而不至于影响、破坏餐饮企业美观的地方。清运垃圾的通道不应与客流或净菜流通的道路交叉，以防止与客争道或交叉污染。

（2）应有加工本餐饮企业所需的全部生产原料的足够空间与设备

加工厨房集中了餐饮企业所有原料的加工拣摘、宰杀、洗涤、分档、切割、腌制以及干货涨发工作。因此，其工作量和场地面积占用都是比较大的。餐饮企业生产及经营网点越多，分布越广，加工厨房的规模就越大。为提高加工效率、稳定加工规格，必须配备相应的加工设备。加工厨房在足够的空间和设备条件下，应承担本餐饮企业所有加工工作，切不可因为加工设备缺项或场地狭小，在烹调厨房区域从事加工工作。否则，不仅加工厨房的优越性发挥不出来，还会给厨房管理和卫生工作留下难以根治的后遗症。

（3）加工厨房与各出品厨房要有方便的货物运输通道

加工厨房承担各烹调出品厨房所有加工任务。在这些加工的原料当中，有的是距离开餐前较早时间就被各烹调厨房领回使用的，如需提前煨制、炸制的排骨、扣肉等；而有些加工原料为了确保其新鲜度，是在开餐期间，甚至客人点菜后，才能进行加工的，如客人点的虾、蟹、甲鱼等，经客人点菜、看货确认后，再送加工厨房宰杀。后一种情况，要求在很短的时间内完成加工作，其后要在第一时间送至配份、刺身制作间或上杂岗位，以减少客人等菜的时间。因此，加工厨房与各烹调厨房有方便、顺畅的通道或相应的运输手段是厨房设计不可忽视的。这不仅是提高工作效率、保证出品速度的需要，同时也是减轻劳动强度、方便大批量加工成品运送的需要。加工厨房与各烹调厨房在同一楼层，应设计有方便快捷的通道；如不在同一楼层，则应考虑有快捷、专用的垂直运输电梯（升降梯）或步行梯，以确保传递效率。

（4）不同性质原料的加工场所要合理分隔，以保证互不污染

虽然各种性质的原料加工都会产生垃圾，加工后的原料也都需要经过洗涤才可用于切配，但不同性质的原料若互相混杂，不仅妨碍加工效率，而且被污染后的原料洗除异味也相当困难。即使是洗净的加工原料，若不严格分类摆放，也会产生重复污染。因此，对不同性质原料的加工用具、作业场所必须进行固定分工，才可能保证加工原料质量。同在加工厨房加工的原料，要特别防止水产宰杀给时鲜果蔬带来的腥味污染、禽畜宰杀的羽毛对其他原料产生污染。有些干货，如牛筋、鱼皮在涨发过程中，会产生令人难以接受的腥臭气味，若操作人员正在忙碌的手或涨发用水触及或污染其他原料，将会给烹调或出品留下难以收拾的隐患。

（5）加工厨房要有足够的冷藏设施和相应的加热设备

厨房加工的原料，不仅种类多，而且数量大，各烹调厨房要货时间也不一定十分准确和固定。因此，为方便备用原料和加工后原料的储存及周转，设计足够的冷藏（含一定量的冷冻）库是必要的。在一些大型餐饮活动之前，大量的加工原料尤其要及时放入冷库妥善保藏，以保证质量和烹调厨房的随时需要。有些原料，经适当降温冷冻，加工也变得更加方便，如制作淮扬菜批切狮子头的肉粒和刨切干丝等。

另外，加工厨房在承担加工工作时，有些干货原料的涨发和鲜活原料的宰杀、褪毛需要进行热处理，如大乌参涨发前要用火烤、牛筋涨发要长时间焖焐、仔鸡杀后要水烫褪毛、甲鱼要用热水处理以去除黑衣、黄鳝烫后才能划丝等。因此，在加工厨房的合适位置设计配备明火加热设备是十分必要的。当然，有加热设备就应注意加热源的安全和所产生

烟气的脱排问题，以保持加工厨房安全、舒适的工作环境。

3.3.2　中餐烹调厨房设计布局

中餐烹调厨房是餐饮企业十分繁忙的和对菜肴质量有着重大决定作用的厨房，随企业生产经营风味和规模的不同而数量不一。大型餐饮企业的烹调厨房往往不止一处。中餐烹调厨房设计与设备配备，对菜肴的出品速度与质量有着直接影响。经营期间若因设备质量问题需维修或更换，无疑会中断厨房生产，妨碍顾客用餐，破坏餐饮企业声誉。因此，对此项设计尤需慎重。

中餐烹调厨房负责将加工后的原料，根据零点或宴会等不同出品规格要求，将主料、配料和小料进行合理配伍。并在适当的时间内烹制成符合风味要求的成品，再将成品在尽可能短的时间内通过服务员递送给顾客，其设计必须符合以下要求。

1）中餐烹调厨房与相应餐厅要在同一楼层

为了保证中餐烹调厨房出品及时，并符合应有的色、香、味等质量要求，中餐烹调厨房应紧靠与其风味相对应的餐厅。尽管有些餐饮企业受到场地或建筑结构、格局的限制，厨房的加工或点心，甚至冷菜或烧烤等的制作间可以不与餐厅在同一楼层，而烹调间必须与餐厅在同一楼层。考虑到传菜的效率和安全，尤其是会议、团队等大批量出品可能需用推车服务，因此，烹调厨房与餐厅应在同一平面，不应有落差，更不能有台阶。

2）中餐烹调厨房必须有足够的冷藏和加热设备

中餐烹调厨房的室温（在空调或新风系统运行效果不很理想的情况下）大多在28～32℃，有些甚至更高。这个温度对原料的保质储存带来很多困难。因此烹调厨房内用于配份的原料需随时在冷藏设备中存放，这样才能保证原料的质量和出品的安全。开餐间隙期间和晚餐结束，其调料、汤汁、原料、半成品和成品均需就近低温保藏。所以，设计配备足够的冷藏设备是必需的。

同样，烹调厨房承担着对应餐厅各类菜肴的烹调制作，因此，除了配备与餐饮规模、餐厅经营风味相适应的炒炉（炒炉若配备不够，将直接影响出菜速度），还应配备一定数量的蒸、炸、煎、烤、炖等设备，以满足出品需要。

3）抽排烟气效果要好

烹调厨房工作期间会产生大量的油烟、浊气，如不及时排出，会在厨房内积聚，甚至倒流进入餐厅，污染客人的就餐环境。因此在炉灶、蒸箱、蒸锅、烤箱等产生油烟和蒸汽的设备上方，必须配备一定功率的抽排油烟设施，力求做到烹调厨房每小时换气50次左右，使此厨房真正形成负压区，保持空气清新，方便烹调人员判别菜肴口味。

4）配份与烹调原料传递要便捷

配份与烹调应在同一开阔的工作间内，两者之间距离不可过远，以减少传递的劳累。客人提前预订的菜肴，配制后应有一定的工作台面或台架以暂放待炒。不可将已配份的所有菜肴均转搁在烹调出菜台（打荷台）上，以免出菜秩序混乱。

5）要设置急杀活鲜、刺身制作的场地及专用设备

随着消费者对原料鲜活程度和出菜速度、节奏的重视，客人所订、点的海鲜、河鲜原料经过确认后，大部分客人希望在很短的时间内烹饪上桌。因此，如果开生间（水产加工

间）离餐厅距离较远，对鲜活原料的宰杀则需要补充设计、配供方便操作的专用水池及工作台，以保证开餐繁忙期间其操作仍十分便利。

刺身菜肴的制作更求有严格的卫生和低温环境，除了在管理上对生产人员及其操作有严格的规范要求外，在设计及设备配备上也应充分考虑上述因素。设置相对独立的作业间，创造低温、卫生和方便原料储藏的小环境是十分必要的。

3.3.3 冷菜、烧烤厨房设计布局

冷菜、烧烤厨房一般由两部分组成：一是冷菜及烧烤、卤水的加工制作场所；二是冷菜及烧烤、卤水成品的装盘、出品场所。通常情况下，泛指的冷菜厨房（俗称冷菜间）多为后者。由于进入冷菜间的成品都是直接用于销售的熟食或虽为生料但已经过泡洗腌渍等烹饪处理、已符合食用要求的成品，所以，冷菜间的工作性质及其设计与其他厨房有明显的不同。

冷菜、烧烤厨房设计布局除了要方便操作、便于出品之外，还应注意严格执行食品安全法和国家相关行业管理规范，创造安全可靠的条件，切实维护消费者利益。

1）应具备两次更衣条件

根据行业规范，为确保冷菜出品厨房内食品及操作卫生，要求冷菜出品厨房员工进入生产操作区内必须两次更衣。因此，在对冷菜出品厨房设计时，应采取两道门（并随时保持关闭）防护措施。员工在进入第一道门后，经过洗手、消毒、穿着洁净的工作服，方可进入第二道门，从事冷菜的切配、装盘等工作。

2）营造低温、消毒、防鼠虫的环境

进入冷菜出品厨房的成品都是可直接享用的食品，直接用于销售，常温下存放极易腐败变质。因此，冷菜出品厨房应设计有可单独控制的制冷设备，切实创造冷菜出品厨房总体温度不超过22 ℃的工作环境。同时，为了防止冷菜出品厨房可能出现的细菌滋生和繁殖现象，设计装置紫外线消毒灯等设备也是十分必要的。冷菜出品厨房的门窗、工作台柜等均应紧凑严密，不可松动和留有太大缝隙，以防鼠虫等侵袭。

3）设计配备足够的冷藏设备

尽管冷菜出品厨房室温是比较低的，但将冷菜食品长时间直接放在这样温度的环境里也是不安全的。用于待装盘的成品冷菜，或消过毒的净生原料，在装盘前均应在冷藏冰箱或冷藏工作柜内存放，有些成品类冻汁菜肴更应如此。因此，冷菜间应设计配备足够的冷藏设备，以便各类冷菜分别存放，随时取用。烧烤、卤水成品在出品厨房中的存放也应有特定条件和要求，根据部分地方客人的饮食习惯，还要配备出品加热保温、烫制设备。

4）紧靠备餐间，并提供出菜便捷的条件

冷菜、烧烤、卤水成品在零点、宴会的销售当中，总是首先出场。管理严格的餐饮企业，零点冷菜成品必须确保在客人点菜后3分钟内（甚至更短的时间）上桌。缩短冷菜出品厨房与餐厅的距离是提高上菜速度的有效措施。因此，冷菜出品厨房应尽量设计在靠近餐厅、紧邻备餐间的地方。为了保证冷菜出品厨房的卫生，应减少非冷菜间工作人员的进入；同时也为了方便冷菜的出品，减少碰撞，冷菜出品应设计有专门的窗口和平台。

3.3.4 面食、点心厨房设计布局

面食、点心厨房（规模小一点的面食、点心厨房，又叫面点间或点心间），由于其生产用料、生产设备以及成品特点、出品时间和次序与菜肴有明显不同，故面食、点心厨房设计要求和具体设计布局方式、设备选配等与菜肴烹调厨房也有很大区别。面食、点心厨房设计既要考虑到与烹调厨房相对合并、集中加热，以节省投资，便于安全管理；又要考虑到点心用料的特殊性和制作的精致性；同时更应考虑本地、本店面食、点心销售占餐饮销售的比例及面食、点心生产工作量的大小。综合考虑各方面因素，才可以对面食、点心厨房的大小和设备配备的规格、数量等进行具体设计安排。

1）面食、点心厨房要求单独分隔或相对独立

有条件的餐饮企业（厨房面积允许、设备投资可能），或者面食、点心生产、需求量很大的餐饮企业，面食、点心厨房就应尽量单独分隔设立。这样，既解决了红案的水、油及其他用具对面点原料、场地的干扰、污染问题，又便于点心生产人员集中思想，生产制作更加美观、味佳的成品。除此之外，独立的面食、点心厨房对红、白案的设备维护、保养，明确、细化卫生责任也有一定便利。在北方，面食在餐饮销售和顾客就餐食品中均占有很大比重，其花色品种繁多，制作程序复杂，动作幅度广，蒸煮锅灶大，因此点心厨房设计不仅要有较大空间，更希望单独成室，独立作业。即使非北方餐馆或餐饮生产及服务销售规模不是很大的餐馆，点心生产任务相对较轻，在考虑点心加热设备与菜肴加热设备集中布局、部分设备综合使用的前提下，也应将面点制作的器具、设备相对集中，以缩短点心厨师走动距离，方便控制，提高效率。

2）要配有足够的蒸、煮、烤、炸等设备

点心多为客人菜余酒后的小食品，因此成品大多制作精巧，可供玩味，故而点心成品多由蒸、烤、炸等烹调方法熟制而成。因为这些烹调方法最能保持成品的花纹和造型，最能创造精细、精美的效果。而在进行烹调之前，点心的成形工艺，必须有兑水、揉面、下剂、捏作等处理工序。所以，应配备相应的木面或大理石面、云石面工作台，和面、搅拌、压面等器械也是必需的。面食、点心厨房大多还承担餐饮企业饭粥类食品的蒸煮，因此，蒸箱、蒸饭车或蒸汽锅也是不可或缺的。有的点心间还负责制作糖水和甜品，所以配备一两台矮身炉，用以熬煲甜品或用于平底锅煎、烙春卷皮、饺子等产品也是很有必要的。

3）抽排油烟蒸汽效果要好

面食、点心厨房由于烤、炸、煎类品种占有很大比例，产生的油、汽较多，蒸制的面食品种更多，需要排除的蒸汽量相当大，所以必须配备足够功率的抽排油烟、蒸汽设备，以保持室内空气清新。

4）便于与出菜沟通，便于监控、督查

无论是零点，还是宴会，餐厅往往给予点心专门的通知和订单，以便生产制作。而具体何时熟制、何时出品常常不是很清楚。若是开餐繁忙时节，传菜员忘记通知，难免出现菜、点出品断档的现象。因此，在设计时应考虑相对独立或单独分隔的面食、点心厨房如何与备餐间、与红案有机联系。比如，面点间在红案打荷的对面或紧挨着备餐间开门，以方便沟通等。另外，为方便管理，防止面食、点心厨房出现安全隐患或其他违纪现象，独

立分隔的面点间还应适当安装玻璃门窗，以便于在室外进行监控和督查。

3.3.5 西餐厨房设计布局

西餐厨房是生产制作西餐菜肴、西式点心的场所。由于西餐的烹饪方法、成品特点与中餐有着明显的区别，因此西餐厨房的设计布局也与中餐厨房不尽相同。

1）西餐烹调厨房设计

西餐烹调多以烤、扒、炸、炒为主，多将各类原料单独烹制，配汁调味，分别装盘，对菜肴的成熟度也更加注重。因此，西餐厨房的设计和设备配备与中餐烹调厨房有较大差异。目前，大部分宾馆、饭店的西餐厨房主要承担咖啡厅产品的生产任务，有些宾馆、饭店西餐烹调厨房还兼顾客房送餐产品的制作。因此，在兼顾中西风味联合出品的西餐烹调厨房内适当配备中式烹调设备，对节省企业投资、节约用工人数、满足不同功能的生产需要，实践证明是经济和有效的。

西餐扒房，主要因为该厨房设计在餐厅，厨师在用餐客人面前现场制作，其菜品无论是鱼类还是牛排、羊排等，多采用扒类烹调方法制作，故得"扒房"之名。扒房是西餐颇有情调的、用餐环境十分高雅的餐厅（实则为厨房餐厅合一）。扒房设计，重在扒炉位置，要既便于客人观赏，又不破坏餐厅整体格局，构成餐厅生产、服务、销售、制作表演与欣赏品尝于一体的特有氛围。扒炉上方多装有脱排油烟装置，以免煎扒菜肴时产生的大量油烟浊气污染、破坏餐厅环境。

2）西餐冻房、包饼房设计

（1）西餐冻房设计

西餐冻房即制作西餐冷、凉、生（未经烹调，可直接食用）食品的场所，有与中餐冷菜厨房近似的功能。在冻房要完成冷头盘、色拉、凉菜、果盘的制作与出品。因此，其室内温度、消毒环境以及其他设计要求都应与中餐冷菜厨房一样得到满足。其设备的选配及布局方式，大体与中餐冷菜厨房相似，但也有特殊的方面。

（2）包饼房的生产功能

西餐包饼在餐食中的地位及客人对成品的挑剔程度相当高，营业创收比例通常也比较大。因此，西餐包饼房的设计不仅要留有足够空间，设备选配也应精致优良。

①包房的生产功能。包房，即面包房，负责生产餐饮企业各点生产、经营所需的各种面包。面包品种一般有甜面包、咸面包、软质面包和法式面包、丹麦面包等。面包既是西餐客人的主食，又是西餐制作其他菜式的原料，如吐司面包既用于早餐，又用于冻房制作各式三明治、热菜厨房制作面包粉等。包房还制作一些供自助餐或餐饮企业宣传用的装饰面包——象形面包。

②饼房的生产功能。饼房，即制作西式小点心的厨房，其生产功能是制作零点、套餐、团队用餐、鸡尾酒会、自助餐、宴会所需的各式糕点，同时也供应餐饮企业外卖的各种糕点，如生日蛋糕、各式曲奇饼等。西饼的种类很多，大致可归纳为蛋糕类（清蛋糕和油蛋糕）、酥点类、饼干类、冷冻甜食类、冰激凌、巧克力制品等。

（3）包饼房的生产流程

①包房的生产流程（图3-11）。

②饼房的生产流程。饼房的品种较多，不同品种的生产流程也不尽相同。

A. 蛋糕的生产流程（图3-12）。

B. 冷冻甜食的生产流程（图3-13）。

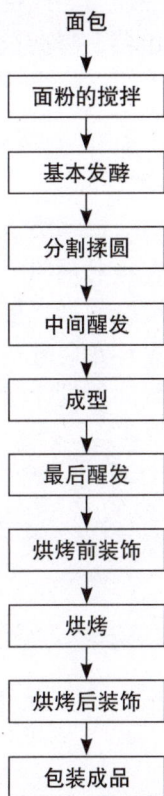

面包	蛋糕	小点心
面粉的搅拌	打蛋配料	配料
基本发酵	快速打发	揉搓
分割揉圆	加入面粉干性物质	下剂
中间醒发	装盘（模）	下盘
成型	烘烤	烘焙
最后醒发	冷却成品	冷却成品
烘烤前装饰	包装	包装
烘烤		
烘烤后装饰		
包装成品		

图3-11 面包的生产流程　　图3-12 蛋糕的生产流程　　图3-13 小点心的生产流程

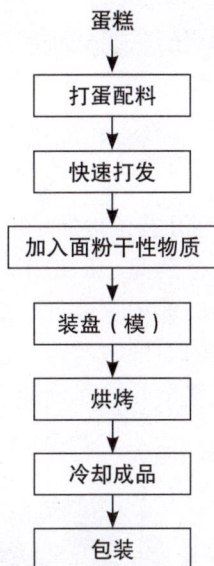

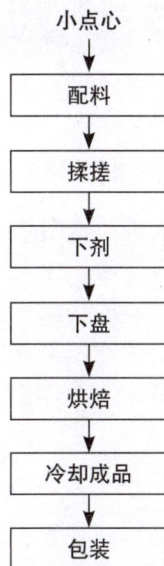

任务4 厨房相关部门设计布局

【引导案例】

2020年，王女士决定拿出多年的积蓄承包某饭店的中餐厅。由于初次涉足饮食行业，王女士把装修和设备采购的事情都交给了自己的大哥。王女士认为，大哥过去在农村帮人装修过房子，有一定的建筑经验，绝对能胜任。

厨房在地下室，大约20平方米。王女士的大哥为了少占厨房面积，购置了一台带有冰箱的操作案台；为了节约资金，操作台表面选用了较薄的钢板做案台的台面；水池设置了两个，洗菜刷碗可以共用；为了保证空间看起来更大，备餐间缺少了"双门双通道"设计；为了保证上菜速度，特意购置了传菜升降梯一部；厨房还配有非专业厂家生产的油烟机、炉灶、蒸箱、烤炉等设备。装修完之后，一个可容纳200人同时就餐的餐厅就正式开业了。

点评：备餐洗涤区是厨房的辅助区域，是强化完善餐饮功能的必要补充，若设计不合理，厨房在开餐生产中的油烟、噪声、高温很容易影响餐厅的就餐环境，餐厅会显得粗俗不雅，甚至嘈杂凌乱，厨房生产和出品也会变得断断续续。

厨房相关部门主要指的是为了保证厨房生产顺利进行，而必须与之配备的、关系密切的备餐间、洗碗间等，而设在餐厅的明厨、明档或餐厅烹饪操作台，与真正意义上的生产厨房也有着密不可分的关系。

3.4.1　备餐间设计布局

备餐间是配备开餐用品，创造顺利开餐条件的场所（图3-14）。传统餐饮管理大多对此设计和设备配备没有给予足够的重视，因此，出现了许多餐厅弥漫乌烟浊气、出菜服务丢三落四的现象。这些现象的出现不仅破坏了顾客良好的就餐心境，而且直接影响到对客服务效率和顾客对餐饮出品和服务质量的评价。所以在进行厨房设计布局时，无论从保证厨房出品量的角度出发，还是考虑改善整个餐饮面貌的需要，备餐间的设计布局都是不可忽视的。

图3-14　备餐间

1）备餐间的作用

一个设计精良、设备配备合理的备餐间，既是创造顾客美好就餐环境的基石，也是确保厨房完好出品的平台。

（1）备餐间配套完善

厨房出品的菜肴并非都是经过一次调味就可以完全定型的。有许多菜肴在出品时，往往需要配带相应的调料、佐料，供客人需要补充调味或自行修正味道时使用，以满足客人不同的口味需要。如上烤乳猪带砂糖、上烤鸭带面酱等。另外。有些佐料、调料也不完全是提供客人进行调整、补充调味，而是成品的特点决定佐料必须在最临近食用时，才可将其与菜肴混合，如上石烹虾配带浇的调味汁等，只有在餐桌上现场服务，才能达到成品要求。还有菜肴出品，为了保证总体效果，方便客人食用，需配带相应的进食用具和必备的炊厨用具，如上白灼基围虾、清蒸大闸蟹配带洗手盅，上锅仔或明炉菜肴配带锅仔或明炉底座（如卡式炉）等。如没有备餐间提供相应佐料、调料、用具，对菜肴进行补充，其出品显然是不完整的。

（2）有效控制出品次序

南北方、中西方在菜点出品次序上虽有一定差异，但其基本程序还是一致的，即先冷菜，后热菜；先咸菜，后甜菜；先菜肴，后点心；先甜品，后水果等。就一地区某一具体餐饮企业而言，出品的次序应该是约定俗成、相对固定的。一旦控制不力、出品无序，会使就餐顾客感到无所适从，甚至就餐情趣因此而受到破坏。控制出品次序的环节主要有两个：一是厨房里的打荷；二是备餐间。前者对控制热菜的出品次序作用较大，而对冷菜、热菜、点心等不同岗位出品的衔接以及次序的控制有一定困难。因此，所有厨房出品必经之地的备餐间，专职划单员（每出一道菜点，从订单上删划一个）对每桌、每批客人的菜点出品次序便起着不可替代的控制作用。这里，打荷和备餐间明确"客人点菜次序，并不意味着出品次序"很有必要。

（3）创造快捷服务条件

开餐服务期间，客人对茶水、小毛巾、洗手盅、冰块等服务的需求随时可能出现。而在不影响餐厅整洁、美观的前提下，最高效率地提供这些服务，往往需要在紧靠餐厅的备餐间设计并配备相应的服务设施、用具才能做到。没有相应的备餐间，或备餐间位置不当，或备餐间不具备相应的设施条件，则无法给客人提供快捷、满意的服务。

（4）集散销售信息

餐厅点菜和值台服务人员只在餐厅内走动，厨房备料、配菜的厨师也只在本工作岗位操作。因此，开餐期间，随着开餐时间的延续，预先准备的原料、半成品可能会在开餐中途供不应求，也可能在开餐接近尾声时，仍有大半售不出去。出现这些情况时，前后台、生产与销售急需进行沟通，并及时调整销售技巧；或最大限度地介绍推荐，减少积压和浪费；或以合理的方式建议客人少点行将断档的品种，切实减少客人的不满和服务的被动。而最便于这些信息沟通的场所，莫过于备餐间。备餐间一旦成为厨房、餐厅公认的销售信息集散中心，厨房和餐厅管理人员的劳动强度明显可以减轻，并取得事半功倍的效果。

（5）区分生产与消费区域，创造良好就餐环境

经常见到一些餐饮企业餐厅的一隅、紧靠厨房出菜的地方，陈列一组屏风，其作用并不一定是想借此吸引客人的注意、美化餐厅，其真正的目的多是借屏风阻隔、遮挡客人直射厨房的视线。尽管如此，厨房内的油烟、噪声、温度仍畅行无阻，直逼餐厅。时常有些设计不规范的餐饮企业，厨房炒麻辣菜肴，餐厅辣气扑鼻；厨房锅碗瓢盆交响曲，餐厅清晰可闻。这些状况都因缺乏合理的备餐间所致（同时有赖厨房区域的负压设计）。因此，设计配备专门的备餐间，不仅明确区分了生产与消费区域，而且也切实创造了安静、清新、舒适的就餐环境。

2）备餐间设计布局要求

（1）备餐间应处于餐厅、厨房过渡地带

备餐间的位置，应在厨房出品集中且紧靠餐厅入口的地方。备餐间是餐厅和厨房联系的桥梁，应设计在餐厅和厨房过渡地带。这个位置既要是厨房出品的必经之地，便于夹、放传菜夹，便于通知划单员；又要紧挨餐厅，最有效地缩短跑菜距离，方便起菜、停菜等信息沟通。备餐间布局应尽可能与跑菜线路平行。这样，划单、退放菜夹、配带佐料可顺势进行，而不必多跑路程，花费太多时间。

（2）厨房与餐厅之间采用双门双道

厨房与餐厅之间真正起隔油烟、隔噪声、隔温度作用的是两道门的设置。同向两道门的重叠设置类似船闸的原理，不仅起到"三隔"作用，还遮挡了客人直接透视厨房的视线，有效地解决了若干餐饮企业陈设屏风的问题。考虑到开餐期间菜肴传出厨房与脏餐具

传回洗碗间使得服务员的流量相当大，若单凭同向两道门重设，很难解决流量大和避免碰撞的矛盾。因此，要在备餐间（在厨房一侧）与餐厅之间进行双门双道设置，即分别专设两道向厨房开的门，以供收送脏的餐具；专设两道向餐厅开的门，以供成品及时传送至餐厅。

（3）备餐间有足够空间和设备

厨房、餐厅间往往距离很近，面积狭小。若因此而忽视备餐间的设计，则给规范出品秩序带来困难。尽管此处空间十分紧张，设计时仍应尽量寻求相对完整，设备用具尽可能配套，并力求精巧布局、方便使用。

3.4.2　洗碗间设计布局

洗碗间除了承担餐厅用餐具的洗涤、消毒，更多的工作是要负责厨房出品所需各类餐具的洗涤和消毒工作，其运转好坏直接影响到厨房的生产和出品（图3-15）。

图3-15　洗碗消毒间

1）洗碗间设计布局的意义

洗碗间在餐饮企业既不是前台对客服务部门，也不是烹饪生产运作的厨房生产岗位，但其所起的作用是餐饮综合出品质量和效益所不可或缺的。

（1）洗碗间的工作质量影响到厨房环境及其出品质量

洗碗间设计合理、运作方便、管理有效，厨房出现脏的配菜餐具就可能得到及时清洗，厨房所需餐具也能立刻得以补充，从而对厨房出品的秩序和质量提供了有力保障。

（2）洗碗间的工作效率是厨房生产效率的重要依托

洗碗间设计流程合理，设备操作方便，洗涤效率就会升高。而洗涤效率的高低，直接影响到厨房餐具运用和周转的快慢。投资少，餐具、用具配备偏少的单位，其洗碗间洗涤工作效率格外重要。若效率低下，厨房生产和餐厅服务可能会中断，餐饮开餐期间的混乱则在所难免。

（3）洗碗间对控制餐具损耗起着决定性的作用

餐具损耗是餐饮净利的流失，控制餐具损耗一直是餐饮管理常抓不懈的工作。洗碗间是餐具出现破损的重要岗位，其决定因素有以下方面：一是设计的合理性、配套性；二是设备的先进性、可靠性；三是操作的规范性和责任心。所以，精明的餐饮管理者在开发经营、降本增效的原则指导下，加强洗碗间的优化设计和严格管理是不容争辩的共识。

2）洗碗间设计布局的要求

洗碗间设计布局，在符合操作流程、尽量减少餐具传递距离和方便洗涤操作的前提下，还有以下具体要求。

（1）洗碗间应靠近餐厅、厨房，并力求与餐厅在同一平面

洗碗间的位置，以紧靠餐厅和厨房、方便传递脏餐具和厨房用具为佳。在洗碗间与餐厅和厨房之间，应有必要的分隔，以防噪声流传到餐厅。同时，也可避免洗碗间的水、油及泔浆污染附近区域。洗碗间与餐厅保持在同一平面，为大型餐饮活动之后用餐车推送餐具提供了方便。有一些为了便于洗碗间清洁和污水排放处理而将地面垫高、设计明沟的洗碗间（这往往是最初设计时疏忽，后垫高地面，增设明沟；或因楼层地板甚薄，而垫置明沟），其地面与餐厅往往不在同一平面，需要进行斜坡处理。若有台阶、垂直上下，既不便于推车操作，又增加了传送餐具员工的劳动强度，切忌使用。洗碗间要有较大的接手台，以方便收送餐具服务员及时撤放餐具，减少餐具堆积和碰撞。

（2）洗碗间应有可靠的消毒设施

洗碗间不仅仅承担清洗餐具、厨房用具的责任，同时负责所有清洗餐具的消毒工作。洗涤后的餐具将直接用于盛放菜点或上餐桌服务顾客。因此，采用切实可行和行之有效的消毒设施是对顾客利益负责、维护餐饮企业声誉的具体行动。配置功能完备、先进高效的洗碗机，在将餐具洗净之后，有连贯的消毒及干燥处理，餐具洗涤一步到位、一条龙完成，既节省场地，又卫生。而靠手工洗涤餐具的洗碗间，则必须在洗涤之后，根据本餐饮企业的能源及场地条件配置专门的消毒设施（如蒸汽消毒、红外线消毒、煮沸消毒或消毒液浸泡消毒等）。切不可因任何理由，不采取任何消毒处理，将洗后餐具直接投入使用。

（3）洗碗间通风、排风效果要好

无论是采用洗碗机洗涤还是手工洗涤，或是采用蒸汽消毒，其洗涤操作期间均会产生水汽、热汽、蒸汽。这些气体如不及时抽排，不仅影响洗碗工操作，而且会使洗净甚至已经干燥的餐具重新出现水汽，还会向餐厅、厨房倒流，污染附近环境。因此，必须采取有效设计，切实解决洗碗间通风、排风问题，创造良好的环境。

3.4.3 垃圾处理设计布局

厨房在生产美味佳肴的同时，也伴有酸臭味，原因就是垃圾处理不及时、不得当。夏季垃圾堆放时间稍长，排水明沟清理不及时，就会发生霉变；流水、食物残渣渗入地砖以及设备下面的缝隙中，也会霉变产生酸臭味。废弃物暂存设施卫生规范要求如下：第一，食品处理区内可能产生废弃物或垃圾的场所均应设有废弃物容器；第二，废弃物容器应配有盖子，以坚固及不透水的材料制造，能防止有害动物的侵入、不良气味或污水的溢出，内壁应光滑以便于清洗；第三，在加工经营场所外适当地点宜设置废弃物临时集中存放设施，其结构应密闭，能防止害虫进入且不污染环境。

1）垃圾处理设计

在厨房内，固体垃圾与污水、污油、残渣混合在一起，有时很难分开，因而在设计施工时注意以下几个方面。

①在产生垃圾最多的位置设置垃圾房或垃圾车，便于垃圾及时清理投放。垃圾房、垃圾车内要有带盖垃圾桶，垃圾桶内应有垃圾袋，以便于及时清理、装卸垃圾。

②在设计时要注意工作间的设备与墙壁之间应尽量采取相应的围挡措施，避免食物、

污水落入缝隙成为霉变垃圾。在设计时要避免工作间内出现清理死角，使用工具或用水可以清理到各个角落。因此设计安装时，消除死角是保证卫生清洁的关键。

③排水明沟设计位置要方便实用，既不影响通行，又要便于清扫落水。排水明沟、装饰地面、下水管要提出施工工艺要求，尽量减少或缩小接缝，并将缝隙彻底填死，防止污水、残渣渗入。

④厨房的策划、设计以及施工人员施工时都要精心考虑到施工细节。例如，增加清扫卫生的上水口及便于接插清扫软管的水龙头；不便设排水明沟的位置要设地漏，下水管都要有存水弯封堵异味。另外，还应提供清理清洁的设施，以便及时彻底地清除垃圾、污水，保持环境卫生，减少霉变污染。

2）垃圾房设计

对于产生垃圾比较多或运送垃圾距离较远的厨房，在环境条件允许的情况下应该设置垃圾房，如较大的厨房和快餐配送中心。

①位置选择。结合厨房环境在粗加工间附近与出口较近的位置，或在建筑主体外出口处设置垃圾房，不能在厨房深处设置，垃圾运送不能穿越厨房。

②面积大小。根据每日生成垃圾量以及收垃圾的频率确定垃圾房的大小。要有硬底化垃圾暂时放置场，每天清运垃圾，并将场地冲洗干净。

③技术要求。垃圾间带有冷藏系统以存放湿的垃圾，维持室温10 ℃以下；门的宽度便于垃圾推车进出；地面设排水明沟或地漏，便于清理清洗；地面做防水处理，贴瓷砖；墙面贴踢脚板或瓷砖，高于地面1.5米以上；要有防鼠、防蝇、防蟑螂措施；垃圾间要设灭蝇灯和紫外线灯，定时对垃圾暂时放置场所进行消毒杀菌。

厨房硬件设施在设计时处处都离不开卫生标准。厨房的具体条件差异很大，厨房卫生设施需要结合实际进行达标设计。

【课后练习】

1. 厨房布局安排有哪些要求？
2. 厨房环境设计应从哪几方面入手？
3. 洗碗间的设计布局要求有哪些？
4. 根据当地某一家饭店或餐饮企业的中餐厨房设计布局的状况，对其进行分析探讨。

单元 4

餐饮原料管理

【知识目标】

1. 了解餐饮原料的采购程序和采购方式。
2. 掌握餐饮原料采购质量的控制。
3. 掌握餐饮原料的验收方法。
4. 掌握餐饮原料的储存管理方法。
5. 了解餐饮原料发放管理的制度。

【能力目标】

1. 能实际完成一次完整的原料采购和验收。
2. 能实际完成一次完整的原料领取。

【素质目标】

1. 培养学生爱岗敬业、协作共进的精神。
2. 培养学生实事求是的职业道德和工作作风。

【单元导读】

原料的质量直接关系到菜品质量的优劣。现代餐饮企业需要建立一整套原料采购、验收、储存及领发程序和制度，以确保厨房生产有序地开展，确保菜品质量的稳定和成本控制有效合理地完成。而及时采购、恰当供给各类合格原料，是厨房提供优质菜品所必需的前提条件；原料的验收是控制进货产品是否符合生产标准的必要保证；储藏是对原料的妥善保管，发放则是原料有计划地出库，它一头连着采购，一头系着生产。本单元从原料管理的诸方面入手，系统阐述原料的进、收、存、发等环节的程序、要求和制度，通过学习，可掌握对原料提供的各个关键点实行有效的控制，为下一步厨房生产做好各项准备。

任务1 餐饮原料的采购管理

【引导案例】

全聚德的原料采购

中国全聚德烤鸭股份有限（集团）公司（简称"全聚德"）在20世纪90年代后期建立了食品厂，实现了各集团各直营店成鸭等原料的统一采购，为集团的产品质量提供了有力的保证。

全聚德在进货把关上的"严"是出了名的，负责成鸭采购和鸭坯加工的主任说："这里是整个集团质量保证的头道关口，我们的口号就是合格率100%，顾客满意率100%。"

全聚德食品厂选购鸭子是找较固定的货源，这些供应厂商都是经过集团反复筛选过的，对其饲养规模及卫生条件等硬件标准有着很高的要求。首先采购部门会到定点供应商那里，进行定期实地考察。鸭场的经营规模，最好是有从繁殖、育种、喂养到屠宰和初加工等一条龙式的配套设施，具备这样规模的厂家才能提供量大、质高的成鸭。在鸭场的卫生条件上，全聚德也很重视，对定点鸭场有几点特别的要求：第一，鸭舍的墙上要贴浅色瓷砖，通过瓷砖表面的净污程度，反映鸭场的卫生条件，可以督促工作人员及时打扫。第二，喂养鸭子的饲料必须经全聚德认定，否则会影响鸭子的卫生指标和成鸭肉质的口感。第三，鸭场附近不能有污染源，鸭子的饮用水统一是深井水源，经流水槽流动喂养。只有检查合格的鸭场才有资格与全聚德建立合作关系。

资格审查只是进货的第一步，全聚德对成鸭的收购标准更加严格。首先是鸭子的品种选择，传统风味要求，全聚德用鸭必须是纯种北京鸭，通体白毛，无杂色毛。成鸭一般40天出栏，孵育后，先经过30天左右的自然喂养，再进行10天的人工强行填喂，这样育成的鸭子既可以保证肥度，又使肉质不至于老化，毛鸭的重量基本能达到6斤（3千克）上下。接着才是收购成鸭时的质量检验。鸭场所送的鸭子必须是现宰现送，保证新鲜度，如果是隔夜货，将被尽数退回。然后是检验鸭身有无破皮和淤血，因为，破皮不利于上色，影响烤鸭的外观；淤血会使肉色发黑，产生一定的腥味，按要求进货检验员要一只一只验收，对于不合格的鸭子坚决退货。

为了保证鸭子的新鲜程度，供货商经常趁道路通畅的夜间就开始送货，天热的时候，还预先将刚宰的鸭子用冷水过一下，防止鸭子"闷膛"产生异味，别的条件也都以全聚德的要求为准。有时，全聚德要300只鸭子，供货商要准备500只，供全聚德挑选。因为全聚德鸭子的用量一直很稳定，即使在淡季，一天也要5000～6000只，旺季可达1万只以上，而且收购的价格也比其他地方高出不少，所以供货商们都很珍惜自己的商誉。很多供货商都看好全聚德这个客户，想通过低廉的价格或其他方法占有一席之地，但某主任说，虽然降低成本很重要，但是现在实行的统一进货也已经降低了部分成本，全聚德最看重的还是原料的质量，我们宁可进价高一些，也要保证所进原料的质量达标。

点评：建立原料生产供应基地是大型企业应该考虑的问题，它能够保证企业原料的供应品质和规格标准，使厨房产品达到最佳的境界。

4.1.1　餐饮原料的采购方法

餐饮原料的采购方法多种多样，运用什么样的采购方法，应根据餐饮企业自身经营要求和市场供应的实际情况进行确定。目前，较常用的采购方法有以下几种。

1）预先采购法

预先采购法主要是指餐饮企业根据自身经营需求和原料库存情况，由各部门有预见性地提出所需餐饮原料，采购人员预先进行购买，储存备用。预先采购的主要目的是：第一，满足企业所需，能获取稳定的货源；第二，能获得较低廉的供货价格；第三，有充足的时间进行原料质量选择。但是，要采用此方法时必须考虑以下几点。

①对市场供货情况作好充分的分析和了解，以利于降低原料购置成本。

②充分了解原料性质和原料的保质周期。

③企业对原料具有适当的保存地点和妥善的保管方法。

2）即时购买法

即时购买法是指餐饮企业根据其每日生产经营要求，对当日所需的原料进行购买的一种方法。其优点是：原料新鲜、当日购买、当日使用，能较好地保证原料质量与菜点质量。其缺点是：货源与供货价格不稳定，特别是价格会受到市场的货源供应、天气、交通、节假日的影响。

3）择优购买法

择优购买法时常跟预先采购法配合进行，它是指餐饮企业根据自己经营特色的要求，同时对多家供货商提供的原料质量、供货价格与供货时间进行选择，从而选择信誉好、原料质量过硬、价格适中的供货商，集中进货的方法。这种方法主要用于大宗原料的购买，主要优点在于能保证原料质量，确保供货的及时性，能较好地掌控原料价格。

4.1.2　餐饮原料的采购程序

餐饮原料的常规采购程序可分为：递交原料申购单，处理原料申购单，确定原料价格，选择供货商，实施采购，过程控制，处理票据，支付货款，信息反馈。

1）递交原料申购单

厨房各部门与仓库购置原料都需提前填写原料申购单并经上级领导签字同意，然后将原料申购单交给采购部门或采购人员进行采购。填写原料申购单时需仔细查看原料库存，避免原料累积过多，影响原料质量。

2）处理原料申购单

采购部或采购员接收到各部门或仓库送来的原料申购单后，应根据原料性质、所需原料时间要求，进行分类整理，然后制订原料订购单。

3）确定原料价格，选择供货商

采购人员可将所需原料规格标准等要求发放给供货商，再从不同的供货商中获取原料报价，最后选定最佳供货商供货。如企业在开业前期已经确定了供货商，此时，采购人员只需要向供货商提供所需原料规格标准及时间要求。

4）实施采购，过程控制

采购人员需向供货商提供正式原料订货单，同时应将相同的订货单提交给原料验收人员，以备收货时进行核对。在采购过程中，采购人员应做好采购过程的控制工作，随时关注原料送达时间，原料到店后应协助验收人员进行原料验收和质量检查、票据清理并督促相关部门及时领用鲜活原料。

5）处理票据，支付货款

原料验收完毕，验收人员须开具货物验收合格单，在供货发票上签字，把供货发票、原料订货单、验收合格单一并交给采购部或采购人员，再由采购部门转到财会部门审核，经审核无误后，根据约定支付货款。验收人员还需把相同的原料验收合格单交付一份给送货人员，便于结账时财会部门进行核对。采购人员需在原料到店验收合格后，随时关注货款的支付情况，确保供货商的合法利益。

6）信息反馈

采购人员应随时将原料市场的供货情况反馈给厨房，便于厨房及时根据市场供货情况进行原料更换，控制成本，开发新产品。同时，采购人员还需将厨房对原料使用情况和满足程度反馈给供货商，便于供货商提供更多质优价廉的原料。

4.1.3 餐饮原料采购价格的控制

采购原料价格的控制是采购工作的重要环节之一，成功的采购就是应获得符合质量标准要求的原料和理想的采购价格。餐饮原料的价格受很多因素的影响，波动较大。影响原料采购价格的因素主要有：市场货源的供需关系，采购原料数量的多少，原料的上市季节，供货商的选择，节假日、交通、天气等众多因素。因此，餐饮企业应对采购价格进行有效的控制，控制采购价格的方法有以下几种。

1）限价采购

限价采购就是对企业所需的大宗原料限定进货的价格，这类方法适用于使用较多的普通生鲜原料。

2）规定供货单位和供货渠道

规定供货单位和供货渠道是餐饮企业在开业前期或进行大宗原料购买时，为了有效控制采购价格，确保原料质量，采取的一种最常见的采购方法。企业管理层在经过对供货商考察、进行原料质量与供货价格对比后，确定供货单位和供货渠道，指定采购人员在规定的供货商处进行采购，以稳定货源和原料质量。这种定向采购一般在价格公道、质量保证的前提下实施。定向采购供需双方需提前签订合同，确保原料质量、供货时间和价格。

3）竞争报价，择优供货

竞争报价，择优供货是餐饮企业在确定供货单位和供货渠道后的一项补充辅助采购方法。它是餐饮企业在进行贵重原料或大宗物料购买时，企业采购部门将所需原材料注明标准要求后，提供给多个长期供货商，采购部门根据供货商所提供的报价单与原材料使用部门和上级领导一道，优选供货商，以满足原料质量要求和原料成本控制的优中选优的采购控制法。

4）控制大宗和贵重原料的购货权

大宗和贵重原料是影响餐饮物料成本和产品质量的主要因素，因此，对这类物料的购买，需各使用部门提供原料使用报告说明，采购部门提供各供货商资质、报价等，企业领导确定供货单位，采购部门不得自行确定供货单位。

5）提高购货量，改变购货规格

根据企业对物料的使用量、对物料的保存条件和物料的自身性质，可大批量进行物料采购，控制成本。同时，部分原料在包装规格和包装精细上有大小不同规格和精装、简装之分，采购时应在保证原料质量的前提下，采购大规格、简装原料，降低原料成本。

6）根据市场行情适时采购

部分原料大量上市时，价格相对低廉，可以根据企业自身使用量的需求，大量购进储存，以备价格回升时使用，达到降低原料成本的作用。

7）减少中间环节

采购食品原料时，还可以绕开供货商，直接联系食品原料的生产厂家或种植基地，减少中间环节，获得优惠价格。现在许多餐饮企业建立了自己的食品原料生产加工基地，这种方法不仅节省了开支，而且保证了原料质量。

4.1.4　餐饮原料采购数量的控制

控制好餐饮原料采购的数量，必须对餐饮原料的性质有充分的了解。餐饮原料可分为易腐原料、半易腐原料和不易腐原料。易腐原料是指在短时间内容易腐烂变质，必须当日购进，最好当时使用的原料，如新鲜蔬菜、水果、水产品、奶制品等；半易腐原料是指较短时间内，经妥善保管不会变质的原料，如宰杀后的动物性原料等；不易腐原料是指在长时间内，经妥善保管不会变质的原料，如干货原料、调味品和罐头食品等。

1）易腐原料数量的控制

易腐原料通常是直接进入到生产厨房，它的采购数量必须由厨房根据常规使用量、各餐饮活动预订情况和每日存料的实际情况进行确定。易腐原料购买数量的多少必须经厨师长签字后确定，以保证原料购买数量的准确性。

2）半易腐原料数量的控制

半易腐原料通常也是直接进入到生产厨房，它采购数量的确定跟易腐原料数量确定的要求一样，需由厨房根据冻库库存数量与餐饮活动使用量的实际情况来确定。冻库管理人员需充分了解半易腐原料库存数量与餐饮活动预订情况，根据存货原料的多少随时作好申

购计划，半易腐原料数量的申购也需经厨师长签字同意后方可采购。

3）不易腐原料数量的控制

不易腐原料存放在原料库房，库房管理人员应根据企业生产经营的情况制订不易腐原料的最佳订货点量来确定采购数量，不易腐原料购买数量的多少以及何时进行申购应由库管人员掌握，经厨师长签字后方可采购。库存原料最佳订购点量的确定需在确定原料库存最高限量和最低限量后才能确定。

（1）原料库存最高限量设定

原料库存最高限量是指不易腐原料在餐饮企业生产经营中日最高消耗量乘以原料到达仓库的天数。最高限量意味着该品种原料的库存数量不得超过该数量。

（2）原料库存最低限量设定

原料库存最低限量是指不易腐原料在餐饮企业生产经营中日最低消耗量乘以原料到达仓库的天数。最低限量意味着该品种原料的库存数量不得低于该数量。

（3）最佳订货点量设定

最佳订货点量的设定是原料库存最低限量加上库存安全数。所谓库存安全数，是指原料因天气、交通等原因可能造成交货延期的情况下，为确保原料的供应，而将原料最低存量的50%设定为安全数。

餐饮原料采购数量的控制必须从企业菜点销售量、市场原料供应情况、企业原料库存量、采购运输和使用量的变化等综合因素上进行考虑，才能达到合理定量，避免浪费。

4.1.5　餐饮原料采购质量的控制

餐饮原料的质量是指原料本身固有的品质，如新鲜度、成熟度、纯度、气味、外观形态、清洁卫生等。为了使采购的餐饮原料质量符合生产加工部门的要求，必须制定一个明确的原料质量标准控制要求，作为订货、购买与供货单位之间的约定依据。为了避免口头叙述造成的理解误差，提高采购原料对质量控制要求的准确性，通常采用书面形式进行沟通说明。在制定采购原料规格控制标准时，叙述应准确、简明扼要、语简意明，避免出现模棱两可的词语和要求。

1）采购原料规格标准控制要求

（1）餐饮原料名称控制要求

写明采购原料的具体名称。原料的名称，一般使用通俗、常用的名称，如鸭，就应写明老鸭、仔鸭、光鸭、活鸭、野鸭、肉鸭等。对一些特殊原料或特殊名称可加以备注进行说明。

（2）规格控制要求

规格要求主要是指原料的大小规格、重量要求、外在形态、容器规格等。原料的外在形态必须根据使用要求加以详细、准确地说明，如雕刻所用的长南瓜，就需要注明原料外观形态以及所用原料部位的长度要求等。一些带包装的调味原料，如鸡精，市场上相同品牌的鸡精有不同重量的包装，采购此类原料时需考虑企业使用量、不同重量包装价格差等因素，然后确定规格要求。

（3）质量控制要求

餐饮原料质量要求主要是指原料的品质特征、等级、商标、产地等内容。餐饮原料的品质应注明原料的新鲜度、纯度、成熟度、清洁度、质地等特征。标明所需原料等级，可对原料的质量给予更好的保证，利于供货部门有针对性地供货，未确定等级的原料需注明原料的质量特征。采购原料时还需注明商标或品牌，以防购买到假冒商品。标明产地是确保原料质量的又一个有效的保证。同时，还需要对原料的其他特征作出详细说明，如是新鲜原料还是冰冻原料、是毛料还是净料。对于原料质量的要求必须作出详细具体的说明，才能确保原料采购质量。

（4）特殊控制要求

对原料特殊要求的说明，可依次列在备注上，如原料送达时间要求，运输过程中保管要求，原料特殊形态或部位的要求等。

2）重要原料规格标准控制的具体要求

（1）畜类原料采购规格标准控制要求

畜类原料采购规格标准控制需注明用料部位及名称、原料新鲜度与色泽、卫生状况、脂肪含量、含水量等要求。包装的肉品还需注明生产厂家、等级要求、质量标准等。

（2）禽类采购规格标准控制要求

禽类原料有肥瘦、老嫩、肉用型和非肉用型、新鲜和冰冻等区别。禽类的生长期与肥瘦老嫩有关。禽类的品种决定其含脂量、鲜美程度。因此，在制定禽类规格标准时，应对禽类的品种、新鲜度、形态、生长期、重量、包装、产地等作出详细要求。

（3）水产品采购规格标准控制要求

水产品原料包括各种鱼类、虾类、贝类等。水产品质量最重要的要求是新鲜度和外观完整程度。因此，新鲜度和外观完整性是水产品采购规格标准控制的重点。同时，也需要对水产品个体重量作出要求。

（4）加工制品采购规格标准控制要求

加工制品是指经过专营厂商加工后的各类餐饮原料，如肉制品、蔬果制品、奶制品、调味品等。此类制品的上市形态有罐装、腌制、干货、冷冻等。在制定加工制品的采购规格标准时，首先应了解所需加工制品的名称、商标名称、制品等级、食品的净重、大小重量、产品形态以及出厂日期和产地等。特别是对加工制品的包装商标要熟悉。包装商标可以说明产品的规格、数量、价格，同时还表明制品的形态和生产时间以及生产厂家等内容。

4.1.6 采购人员的要求

餐饮企业应认真选择和培养得力的采购人员。采购员的职业素质与所购原辅料质量的高低有着密切的关系。所以，采购员是厨房进货的核心，对其应有较高的要求。采购员的工作职责和要求包括以下几个方面。

①履行正常的采购物价，完成采购以及应急采购的任务。

②按厨房订单或食品仓库采购单的要求，进行3家以上的问价、看样，经比质论价后选定价格合理、品质优良、交货及时的供货商。

③供货商的确定必须征得部门经理的审批，方能进行购货。

④按时间要求完成采购任务，确保原料质量，控制好采购成本。

⑤每周向供货商收集一次价目表，并负责保存资料。

⑥按采购和使用要求负责调查供货商的供货能力、食品质量、卫生标准、保质期、价格、信誉、供货资质等，并及时上报主管负责人。

⑦督促供货商按时、按质交货。

⑧协助验收、储藏工作，并及时将各种票据送交财务部。

⑨严格执行采购制度和财务制度，不私自收取回扣，不挪用备用金，转账支票不做他用。

⑩遵守法律法规，讲究职业道德，不假公济私，不营私舞弊，不徇私情，坚决抵制不正之风。

任务2　餐饮原料的验收管理

【引导案例】

在食品原料管理中，常常会出现采购与验收工作的矛盾。过去，北京某饭店采购部所采购的物品，因为没有成文的标准和明确的分工，收货组只管收货不管质量，到了使用时发觉不好才退货。这样就产生了一个弊病——饭店经常与供应商扯皮，尤其是鲜活货品，常常是公说公有理，婆说婆有理。于是，饭店将采购和收货完全分开，实行规范化管理，确立和完善了饭店物资采购的请购、报价、审批、验收及报账制度，使物资的采购、验收等环节相互制约。

食品的采购单、请购单需由使用部门专人填写，以确定数量和规格，而采购员报质量和价格，再由主管经理批准。要求统一采购标准、合理认定价格、每天填写采购工作日记以确保采购的质量、数量合乎使用要求。饭店采购部规定，如果收货组认为不合格，采购人员不能说情。当然，收货组的人也不能建议采购员去某某地方采购。

收货后必须制表，哪个厂家，什么货物，是哪个部门用，多少钱，然后输入电脑，实行电脑管理，对每日、每月饭店所需的物资购进、验收等情况进行汇总制表、归档。这样做的好处之一就是库存多少一目了然。

如果收货合格后，营业部门在使用时发现有质量问题，那就是收货组的责任。当然，营业部门也不能简单地否定收货组的工作。如有一次，采购来的猪肉，厨房发现颜色不对，认定不是现杀的，而是经过了较长时间的冷冻。收货组对此做了很细致的解释工作，他们请厨师长去肉联加工厂看猪肉生产流程。参观后才知道，宰猪后，有一道恒温排酸工艺，猪肉在恒温室里停留3~4个小时，然后才能出厂，这比个体户现杀现卖更科学。有些货物不能当场验收，如冰冻的虾，因为整缸整箱都是冰冻的，表面上看起来可能都比较好，但里面情况不得而知，只有融化后才能验收。知道它一斤有多少只，才能确定货物的质量。

在物品验收上，一定要核对原封样。如有一次，肥皂包装上印刷模糊，字体不清，由于事先有封样，在退货时，厂方也无话可说。

点评： 验收管理不仅关系到厨房生产成品的质量，而且对生产成本的控制有直接影响。

餐饮原料的验收管理是食品成本控制流程中的重要一环。各餐饮企业制定了完善的采购制度与采购程序，采购人员也严格遵照各项规定，按质按量并以合理的价格采购原料物品，但如果缺少相应的进货验收控制管理，那么先前所做的各种努力都会前功尽弃。忽视原料进货验收管理，会使供货商供货马虎从事，有意或无意地缺斤短两，原料的质量也有可能不符合生产经营的要求，原料的价格也可能与原先的报价大有出入。为了保证菜品质量，餐饮原料验收管理就应运而生。

4.2.1 餐饮原料验收的任务

①根据采购订单上原料规格和数量要求，检验各种餐饮原料的质量、体积、数量和重量。

②核对餐饮原料价格与既定价格或原定价是否一致。

③给易变质原料加上标签，注明验收日期，并在验收日报表上正确记录已收到的各种食物原料。

④验收员应及时把各种餐饮原料送到储藏室或厨房，以防变质、损失。

⑤负责收集各种原料供货凭证，建立台账记录，确保原料质量。

4.2.2 餐饮原料验收的要求

为了使验收工作顺利完成，确保所购进的原料符合订货的要求，对验收场地、设备、工具、验收人员以及各种验收票据提出以下要求。

1）验收场地的要求

验收场地的大小和验收的位置好坏直接影响货物交接验收的工作效率。验收场地的设立应远离客人进餐区域，以避免影响客人。理想的验收位置应当设在靠近储藏室至货物进出较方便的地方，最好能在靠近厨房的加工场所的指定区域。这样既便于货物的搬运，缩短货物搬运的距离，也可减少工作的失误。验收还要有足够的场地，以避免货物堆积，影响验收。此外，验收工作涉及许多发票、账单等，还需要一些验收设备工具。因此，有条件的可设立验收办公室。

2）验收设备、工具的要求

验收处应配置合适的设备和工具，供验收时使用。主要应有称大件的磅秤、称小件的台秤、称贵重物品的天平秤，各种秤都应定期校准，以保持精确度。还应配置剪刀、手电筒、包装袋等用具。

3）验收工作人员要求

①身体健康，讲究清洁卫生，有良好的职业道德，忠于职守，坚持原则。

②熟悉验收所使用的各种设备和工具。

③熟知本企业物品的采购规格和标准。

④具有鉴别原料品质的能力。

⑤熟悉企业的财务制度，懂得各种票据处理的方法和程序，能正确处理。

⑥做到验收后的物品项目与供货发票和订购单项目相符，供货发票上开列的重量和数量要与实际验收的物品重量、数量相符，物品的质量要与采购规格相符，物品的价格与企业所规定的限价相符。收取供货企业的资质证明、原料的合格证明等票据。

4）餐饮原料验收程序要求

①根据订购单或订购记录检查进货。

②根据供货发票检查货物的价格、质量和数量。

A.凡可数的物品，必须逐件清点，记录下正确的数量。

B.以重量计量的物品，必须逐件过秤，记录下正确的重量。

C.对照采购规格标准，检查原料的质量是否符合要求。

D.抽样检查箱装、桶装原料，检查是否足量，质量是否一致，外包装是否有破损。

E.发现原料重量不足或质量不符需要退货时，应填写原料退货单，送货人需签字认可，将退货单随同发票附页退回供货单位。

③办理验收手续。当送货的发票、物品都经验收后，验收人员要在供货发票上签字，并填验收单，表示已经收到这批货物，收货单据附页提供给送货人员。

④分流物品，妥善处理。原料验收完毕，需要入库进行保藏的原料，要使用双联标签，注明进货日期、名称、重量、单价等，并及时送仓库保藏。一部分鲜活原料直接进入厨房，由厨房开领料单。

⑤填写验收日报表和其他报表。验收人员填写验收日报表的目的是保证购货发票不至于发生重复付款的差错。同时，可作为进货的控制依据和计算每日经营成本的依据。

4.2.3　餐饮原料验收的方法

1）按供货发票验收

按供货发票验收是一种较普通的验收方法。验收人员根据供货发票和采购订单核对原料的项目、数量和价格，这种方法较方便快捷。但要注意的是：验收人员往往直接拿着发票对照货物，而不去对照订购单，这样易使购置原料的数量、规格等不符合订购单的要求。有时还可能图方便，不去逐一过秤原料的重量和仔细检查原料的质量。因此，采用这种验收方法，应加强监督职能。

2）填单验收

填单验收是据实验收，是企业控制验收的一种方法。企业自制验收空白凭单，验收人员在验收时，按物品的名称、重量、数量等逐一填入凭单中，然后再与供货发票、订货单相对照。这种方法可减少差错，但较费工夫。

4.2.4　验收控制要求

验收工作虽然是由验收人员来完成的，但作为负责餐饮产品质量控制的部门经理和厨师长，应对验收工作进行督导，以便于验收工作符合管理的目标。

为了避免验收工作出现问题，经营管理者应做到以下几点。

①建立验收工作人员管理制度，指定专人定点负责验收工作。

②验收工作应与采购工作分开，不能由同一个人担任。

③验收贵重原料或质量要求高的原料时，部门经理或厨师长应协助督导验收工作进行。

④货物一经验收，应立即入库或进入厨房，不可以在验收处停留太久，以防失窃或引起质量变化。

⑤尽量减少验收处进出人员，以保证验收工作的顺利进行。

⑥发现进货的原料有质量问题，应退货。

任务3　餐饮原料的库存管理

【引导案例】

山西某餐饮店在严格遵循库房管理的有关规定后，库房的环境有了很大的起色。餐饮店对所入库的原料必须检查其是否有生产日期、保质期、商标，凡是"三无产品"禁止入库，入库原料做好入库登记，一般需记录品名、规格、进货数量、生产日期、保质期、产地等内容，以便日后对入库原料进行查验和管理，所有入库原料必须进行归类和定位，非特殊情况库房原料一般无须调整，以便记忆。库房保管员对所进原料需按食品标签上架并码放整齐。

一位管理员感慨地说："以前，我有时为了找一样东西甚至要翻大半个仓库，有的东西明明账上有可就是找不到，等到不用的时候又出来了，以至于物品重复申购，且物品无最高最低存量的限制，申购无限制，所以造成物品的闲置，资金的积压，很不利于财务管理。现在，我们从分类、整理开始，物品分门别类存放，做到每一件物品有名、有家、有存量。目前，仓库彻底改头换面了，有最高、最低存量的限制，再加上严格的申购程序，对物品的积压起到了很好的控制作用。"

点评： 储藏工作不是被动地保管，而应主动地、有条理地安排整理物品，给人一个清爽、整洁的感觉，并且主动与厨房联系，加速各种原料的周转，减少不必要的库存。

餐饮原料的库存管理是食品原材料控制的重要环节，因为它直接关系到产品质量、生产成本和经营效益。良好的库存管理，能有效地控制原料成本。如果控制不当，就会造成原材料变质、腐败、账目混乱、库存积压，甚至还会导致贪污、盗窃等严重事故的发生。

4.3.1　原料库存的基本要求

1）建立、实施科学库管制度和方法，确保原料储藏安全

餐饮原料库存管理需建立科学的管理制度和管理方法并严格执行，要做到账（保管日记账）、卡（存货卡）、货（现有库存数量）相符。严格按原料性质和特殊要求科学储存、定位储存。食品仓库的账要以每个品种为单位，分批设立账户，建立明细而完整的账单。一物必有一卡，存货卡要与账单相符，与实际存货相符，各类标识完善。同时，还需定期或不定期地进行盘点，确保原料不出现误差和食品安全。

2）分类储存，确保质量

①原料入库储存时应对原料品质、外包装等进行全面检查，确定是否适合直接储存保

管。如果有不合适的，必须进行必要的加工或重新包装。如有些干货原料，为了防止受潮发霉，要用真空机予以真空包装。有些原料外包装已破损就必须重新进行包装，防止泄漏。

②有特殊气味的原料应与其他原料隔开存放，防止串味以及阳光直射。

③易受潮的餐饮原料应隔地隔墙进行储存保管。

④注意各种餐饮原料所需的存放温度和储存期。

⑤密切注意食品的失效期，应遵循先进先出的储藏原则。

⑥一旦发现餐饮原料有霉变、虫蛀、异味时，应立即处理，以免影响其他物品。

⑦食品添加剂类原料应单独储藏，标识清楚。

⑧要遵守《中华人民共和国食品安全法》的有关条例，保证餐饮原料的清洁和安全。

3）控制库存原料的数量和时间

餐饮原料储存管理时，库管人员必须对各类原料耗用量的多少，原料采购所需时间，原料物理、化学属性以及原料是否适宜久存和多存，企业流动资金的运转等有充分了解。做到原料的合理存量必须与合理的储存时间相配合。原料储存时间还应考虑生产周期、采购周期和原料储存的有效期。加速库存周转，尽量缩短原料的储存时间等。

4.3.2　餐饮原料的库存方法

1）干藏库管理

餐饮原料干藏要用干藏库储藏。干藏库室内温度应保持在10～20 ℃，湿度应保持在50%～60%。干藏库的空气每小时应交换4次，照明以2～3瓦/平方米为宜。同时，应防止阳光对原料进行直射而降低原料质量。干藏库的门窗应牢固，且密封性好（图4-1）。

图4-1　干藏库

干藏库管理具体要求如下：

①原料应分类、分区、固定位置存放，便于管理和出入库。

②原料应放置在货架上储存，货架距离墙壁至少10厘米，距离地面25厘米，以便空气流动和清扫，要随时保持货架和地面的干净，防止污染。

③原料放置不仅要远离墙壁，同时还应远离自来水管道、热水管道和蒸汽管道，防止原料受热或受潮。

④库房内设置性能良好的温度计和湿度计，并随时检查温度与湿度。

⑤原料入库时间、最高存量、最低存量、左进右出等标识清晰，便于先入先出，并定期检查原料品质，确保原料质量。对不易销出的原料应及时上报，及早调剂。

⑥定期对库房进行清扫、消毒，防止虫害、鼠害。

⑦使用频率高的原料，应存放在容易拿到的下层货架上，货架应靠近入口处。重的原料应放在下层货架上，并且高度适中，轻物放在高架上。

⑧凡用塑料桶、罐、整理盒盛装原料，都应密封；塑料桶、整理盒、包装袋应为白色。体积大的不适合放在货架上的原料应放在带有轮子的平台上，便于移动；易透光的玻璃器皿等盛装的原料，应避免阳光直射。

⑨所有有毒、有异味、易污染的物品，清扫用具（如杀虫剂、去污剂、洗衣粉等）均不得存放在餐饮原料库内。

⑩食品添加剂原料需独立存放，并做好标识。

2）冷藏库管理

冷藏是以低温抑制原料中微生物的生长，维持原料质量的一种方法。冷藏库的温度一般为0～10 ℃。冷藏库一般储存蔬菜、水果、禽、畜、蛋、奶、豆制品和部分水产品原料，但应注意对储藏原料时间的控制。为了节省能源，可将冷藏库设置在冷冻库旁（图4-2）。

图4-2 冷藏库

冷藏库管理具体要求如下：

①原料入库前，应仔细检查，防止已经变质的原料进入冷藏库。

②通常冷藏的原料应经过初加工，并用保鲜纸包裹，以防止污染和干耗，存放时应用合适的盛器盛放，盛器必须干净。

③热食品应待凉后冷藏，盛放的容器需经消毒，并加盖存放，以防止食品干燥和污染，避免熟食品吸收冰箱气味，加盖后要易于识别。

④冷藏库内的原料必须堆放有序，原料与原料之间应留有足够的空隙。原料不能直接堆放在地面或紧靠墙壁，以保持库内空气循环。

⑤定时检查冷藏库内温度。发现库内温度过低或过高，都应立即调整。制冷管外结冰达0.5厘米，应进行除霜处理，以确保制冷系统功能正常。

⑥鱼、肉、禽类原料冷藏时，应拆除原包装，防止污染物及病菌进入。经加工的食品（如奶油、奶酪等），应连同包装一起冷藏，防止干缩或变色。鱼虾类要与其他食品分开放置，奶制品要与有强烈气味的食品分开放置。

⑦定期进行冷藏间的清洁工作。

⑧存、取原料时应尽量缩短开启门或盖的时间和次数，以免库温产生波动，影响储存效果。

3）冷冻库管理

冷冻库的温度在-23～-18 ℃。在此温度下，大部分微生物的繁殖都得到了有效的控制。所以，进入冷冻室的原料可长时间进行储藏。原料冷冻的速度越快越好，因为在速冻之下，原料内部的冰结晶颗粒细小，不易损坏组织结构（图4-3）。

原料的冷冻分为冷藏降温、速冻、冷冻储藏3个部分。如原料速冻与冷冻储藏若在同一设备中进行，会引起温差变化从而影响原料的质量。因此，有条件的企业应另外安装速冻设备。速冻库的温度一般在-30℃以下。

图4-3 冷冻库

冷冻库管理具体要求如下：

①冷冻原料入库时必须是处于冰冻状态下，避免已解冻或半解冻原料入库储藏。

②新鲜原料进入冻库必须先进行速冻，然后妥善包装后再储藏，防止原料表面干耗或表层受到污染。

③冷冻温度应保持在-18℃以下。

④冷冻原料应使用抗挥发性的材料进行包装，防止原料脱水而造成冻伤，引起质量变化。

⑤已解冻后的原料，不得再入库储藏，否则易引起原料变质，如再次速冻，也会破坏原料组织结构，损坏外观和营养成分。

⑥冷冻原料不得直接摆放在地上或紧靠墙壁，影响库内空气循环。

⑦坚持先进先出的原则。所有原料应注明入库时间，防止原料超过保质期。

⑧冷冻库的开启要有计划，每次开启要将所需要的东西一次性拿出，以减少冷气的散失和温度的波动。

⑨定期清洗原料货架，随时检查库内温度，除霜时应在原料储藏量较少时进行。

4.3.3 餐饮原料的领发控制

餐饮原料由于品种多、数量少、领用频繁，因此，必须建立原料领用制度，明确原料领用规定和审批程序，才能有效控制餐饮原料使用的真实性，保证餐饮企业生产成本的准确性。

加强原料领发管理的目的，一是保证厨房生产用料的及时；二是有效控制厨房用料的数量；三是正确记录厨房用料的成本。做好原料的领发管理应遵循以下原则。

1）原料要定时发放

仓库保管人员应有充分的时间进行货物验收、仓库整理、库存原料检查等相应工作。为了促进厨房用料的计划性，对原料的领发必须规定时间，做到定时发放。

2）原料领发需履行相关手续

原料的领用必须坚持凭原料领用单领发原料的原则，这样可以准确记录原料消耗量和价格，便于正确计算厨房用料成本。领料单必须由领料人填写，厨师长审批签字，仓库保管人员凭单发货。原料领用单为一式三联，一联交回厨房领用部门，一联由仓库管理人员交财务部，另一联由仓库留存。仓库管理人员发货应坚持发货的相关规定，做到无原料领用单不发，领用单未经厨师长审批签字不发，字迹不清楚不发。

【课后练习】

1. 原料控制的关键点在哪里？
2. 原料质量对菜品质量的影响有哪些？
3. 原料采购进货的要求有哪些？
4. 请论述原料采购的程序。
5. 如何把握原料的采购质量？
6. 为什么说验收工作是质量保证的关键？
7. 清点盘存工作的主要价值是什么？

单元5

厨房生产流程管理

【知识目标】

1. 了解厨房生产的流程。
2. 了解生产作业的程序和标准。
3. 了解生产作业程序的要求。

【能力目标】

1. 能按照岗位的基本要求作业。
2. 掌握流程中的管理细节。
3. 能对生产作业程序的正确与否作出判断。

【素质目标】

1. 培养学生对烹饪事业的热爱，以及责任心和团队合作精神。
2. 培养学生刻苦学习、钻研专业知识和技能的科学态度，以及知行合
一、学以致用的理念。

【单元导读】

厨房生产的流程管理涉及原料选择、加工，原料组配以及烹调熟制，菜肴出品等一系列工序，是整个厨房管理中最重要的一个环节。一名合格的厨房管理人员必须将相关的管理加工流程熟记于心。本单元通过对厨房操作流程的各个环节、主要岗位和关键的控制点进行梳理，加深学习者对厨房生产流程的认识；并对厨房各个岗位的主要职责和标准作业规范进行描述，方便厨政管理人员进行实际指导和考核。

任务1 中餐厨房生产流程管理

【引导案例】

HI店的取胜之道

HI店是一家纯餐饮企业，以其优质服务和可口的菜品赢得了众多顾客的光顾，在竞争激烈的市场，一直保持稳定的客源，而且口碑较好。保证菜肴出品质量的稳定是该饭店经营的诀窍。而菜肴质量稳定主要是通过对作业程序和标准做出要求明细表。

HI店制定了清洗存放标准、刀工处理标准、烹饪色泽口味标准和装盆点缀标准。

清洗存放标准指清洗程序的先后要求、清洗后成型状态、存放要求和存放时间等；刀工处理标准按要求对菜肴的重量大小作出规定，配备电子秤称重，刀法细化到滑炒和生炒的不同，切的片也不同；烹饪色泽口味标准，使用统一的调味，专人按比例调整，保持口味稳定，色泽和装盆依据照片随时参照；装盆点缀标准规定了盆子的大小并制定了相应表格上墙。如此细节要求，才使菜肴质量一直保持稳定。

点评：一家生意红火的企业，肯定有其过人之处，HI店的取胜之道，就是菜肴品质一直保持稳定，这靠的就是规范的程序和标准。所以厨房的生产标准就是企业的生命力。

中餐厨房菜点的出品需要经过很多的生产工序，尽管菜点品类较多，其加工工艺流程有所区别，但总体来说是大同小异的。从宏观上看，中餐的工艺流程顺序包括以下几个阶段。

食品原料的选择阶段表面上看，似乎不应属于工艺范畴，但实际上它不仅与下面的几个工艺过程有着紧密的联系，而且食品原料选择过程的本身就是一项非常复杂的工艺过程。食品原料的采购人员与烹饪技术人员必须运用自己所掌握的丰富的技术手段，对不同的食品原料进行品质优劣的分析和鉴别。因此，食品原料的选择是菜点工艺流程中不可缺少的关键环节。

上面所表示的只是中餐菜点生产工艺流程的几个主要阶段，每个阶段还需要运用具体的技术手段来完成。如果把中餐菜点工艺流程的几个阶段及主要的技术手段用一个工艺流程图的形式表现出来，就更加清楚明了，如图5-1是中餐菜肴烹制工艺流程示意图。

实际上，中餐菜肴的制作包括热菜和冷菜两大部分，有一些冷菜的加工是不需要进行加热处理的，也就没有烹调加热的工艺流程，把加工切制好的食品原料直接装盘就可以了。因此，图5-1所展示的菜肴工艺流程示意图仅仅是中餐菜肴生产加工的一般性工艺流程与规律，具体运用时各有不同。

　　中餐菜肴与面点的加工过程虽然有异曲同工的特点，但在实际运用中还是有很大区别的，如果用工艺流程图把面点的加工过程表示出来就更加明显，如图5-2是中餐面点加工工艺流程示意图。

　　概括地讲，厨房生产运行主要包括原料初加工、切料配份、加热烹调三大阶段。针对不同阶段的生产运行特点，明确制定操作标准、规定操作程序、健全相应的管理制度，及时灵活地对菜点生产中出现的各类问题加以协调督导与有效控制，是对厨房生产运作进行有效控制管理的主要工作。

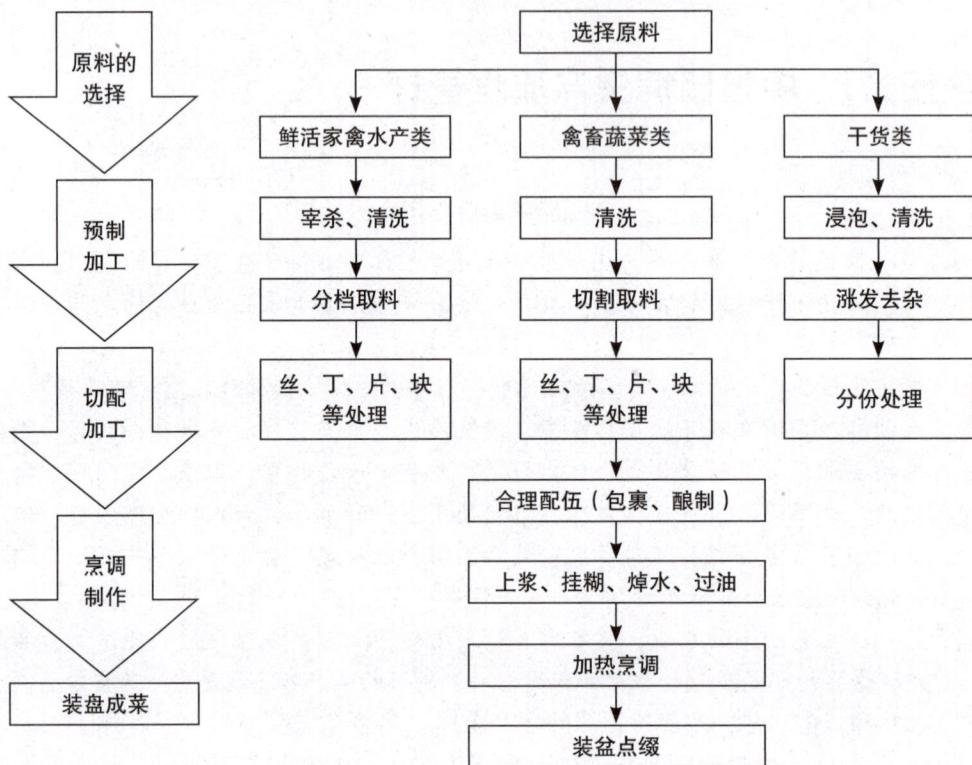

图5-1　中餐菜肴烹制工艺流程示意图

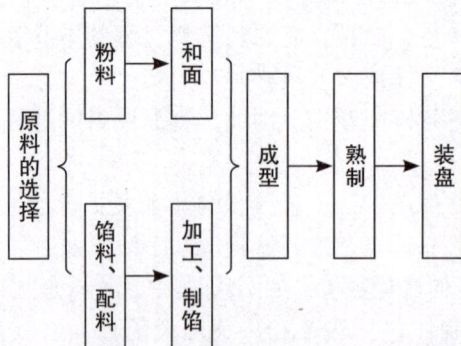

图5-2　中餐面点加工工艺流程示意图

任务2 原料初加工的运行管理

【引导案例】

王先生和宋先生来到某中餐馆就餐，他们在海鲜池前点了一条鳜鱼，要求做"清蒸鳜鱼"。"清蒸鳜鱼"上桌后，宋先生尝了一口，皱起眉头对王先生说："这条鱼不是咱们要的那条活鱼，很可能是一条冻鱼。"王先生也想尝尝，可刚夹起鱼肉就发现这条鱼根本没有去内脏。在处理投诉时，餐厅经理向他们解释，由于厨师马虎，没有对鱼的内脏进行加工处理，但是鱼是绝对新鲜的，只是火候太大，所以嚼不动。经理最后说："这样吧，餐费免了，感谢你们给我们提出的意见，我们一定努力改进。"

王先生见经理已经把责任全部揽到自己身上，而且为工作失误付出了代价，也就不再追究。

点评：厨房原料初加工阶段是整个厨房菜点生产制作的基础，其加工品的规格质量和出品时效将对以后阶段的生产产生直接的影响。同时，初加工的质量还决定原料净料率的高低，对厨房菜点的成本有直接的影响。

中餐厨房食品原料初加工是指对一切购进的原始原料，如活鲜原料等进行初步整理加工的过程。原料的初加工一般包括对冰冻原料的解冻，对鲜活原料进行宰杀、洗涤和初步整理，对蔬菜、水果进行择叶、削皮、去根须、洗涤，对带骨、带皮的肉类原料进行砍斩处理等等。

5.2.1 原料初加工的标准

食品原料的初加工阶段表面上看是一项较为简单的工艺过程，实际上它对整个厨房的生产过程都起决定性作用。

①初加工的加工质量直接关系到原料的出净水平，通常用净料率来表示，原料的净料率直接影响到菜肴的生产成本。

②初加工的加工质量还直接影响到原料的完整性、厚度、老嫩等指标，初加工人员要防止在鱼类宰杀过程中胆囊破裂，以免影响菜肴的食用口味。

③原料的分档取料、合理留用割舍也是关键。厨房生产讲究的是合理使用食品原料，以免造成不应有的浪费，如果初加工人员没有经过专业的训练，在取料过程中造成原料破碎，就会严重影响原料的使用率。

④原料初加工的速度对厨房的生产也有一定的影响，如果加工人员的初加工速度太慢，所加工的原料不能满足生产的需要，就会严重影响厨房的出菜效率。

由此看来，对原料初加工的管理应制定相应的有效措施，制定各种原料的标准净料率和出料的规格标准，制定相应的制度。

5.2.2 净料率标准的制定

原料的加工净料率是指加工后可供做菜的净料和未经加工的原始原料之比。原料的净料率高，即原料的利用率越高；净料率低，菜肴的单位成本就越高。因此，把握和控制加工的净料率是十分必要的。不同的原料、不同的加工方法、不同的菜肴需要，原料的净料率是不相同的。

原料的标准净料率的确定一般有三种方式，一是参考国家有关部门制定的现行标准，二是借鉴其他企业已有的标准，三是自己根据所使用的原料进行加工测量。现在的大多数饭店或餐饮企业一般是将上面的三种方式综合运用。这样不仅可以节省时间，还可以节省大量的人力物力。但现在各种新的原料不断出现，使用原有的标准可能不够完善，因此，有些原料还必须由企业自己进行确定。其具体做法可以采用对比核定法，即对每批新使用的原料进行加工测试，测定净料率后，再交由加工厨师操作。经过几次反复测量，然后确定某种原料的标准净料率。

5.2.3 初加工作业过程的管理

原料的标准净料率一旦确定后，应在厨师作业过程中进行跟踪检查，对领用原料和加工成品每天都要抽样，分别进行称量计重，随时检查，看是否与规定的标准一致。未达到标准的则要查明原因。如果是采购造成的，要及时对进货渠道的环节进行严格检查。如果是加工技术问题所造成的，要及时对加工人员进行有效的培训或指导等。如果是员工的工作态度问题，则需要进行职业道德教育，并在运行中强化检查和督导。

对下脚料及垃圾桶进行跟踪检查，厨师长应安排初加工间以外的管理人员对下脚料和垃圾桶进行经常性的检查，检查是否还有可用部分未被利用，使员工对净料率引起高度重视。

初加工的质量应与员工的经济报酬相挂钩，对在检查中经常出现不达标的初加工人员应进行一定的经济处罚，可根据不合格品出现的次数、检查次数、各切配岗位所反映的意见等，根据员工的工资水平确定一个处罚的比例，同样对于业绩优秀的员工应给予一定的奖励。

5.2.4 初加工的标准作业流程

原料初加工阶段的工作，由于加工对象的不同，其工艺流程和质量要求也是不尽相同的。一般包括蔬菜的初加工、禽类的初加工、畜肉类的初加工、水产品的初加工及干货原料的初加工等。鲜活水产品的初加工一般是在烹调前现场加工的，习惯上称为水台加工。除了对原料进行初步加工之外，大部分饭店厨房活养的水产品、禽类一般也归初加工厨房管理。

为了保证原料初加工的质量，除了要规定原料的净料率外，还应确定各类原料初加工的标准作业流程。下面是厨房生产常用的几类原料与常用的初加工操作规程与加工的质量要求。

1）蔬菜类原料初加工操作流程与质量标准

（1）作业要求

根据不同蔬菜的种类和烹饪时规定的使用标准，对蔬菜进行择、削等处理，如择去干老的叶子、削去皮根须、摘除老帮等。对于一般蔬菜的择除部分可按规定的净料率进行，需要消毒的蔬菜一定要进行消毒处理。

（2）质量标准

①无老叶、老根、老皮及叶筋等不能食用部分。

②修削整齐，符合规格要求。

③无泥沙、虫卵，洗涤干净，控干水分。

④合理放置，不受污染。

（3）加工步骤

①备齐蔬菜品种和数量，准备用具及盛器。按做菜要求对蔬菜进行拣择或去皮，或取其嫩叶。

②将经过择、削处理的蔬菜原料分别放到水池中洗涤 3～4 遍。第一遍洗净泥土等杂物，第二遍用餐洗剂溶液或高锰酸钾溶液对蔬菜进行浸泡，浸泡的时间一般为5～10分钟，第三、四遍把用消毒液浸泡过的蔬菜放在流动的净水池内漂洗干净，蔬菜上不允许有残留的餐洗剂或其他消毒残液。

③将经过清洗的蔬菜捞出，放于专用的带有漏眼的塑料筐内，控净水分，分送到各厨房内的专用货架上或送冷藏库暂存待用。

④清洁场地，清运垃圾，清理用具，妥善保管。

2）禽类原料初加工操作规程与质量标准

（1）作业要求

①根据不同的活禽与制作菜肴的不同质量规格需求，对活禽进行粗加工处理，包括宰杀、褪毛、去内脏、洗涤。

②如有特殊的加工要求则应按特殊的质量标准进行单独加工，如整鸡出骨等。

（2）质量标准

①宰杀部位与开口适当，放尽血液。

②褪尽羽毛与嘴、爪黄皮，洗涤干净。

③除净内脏，分别将内脏杂物去净，物尽其用。

④分类合理放置，不受污染。

（3）加工步骤

①备齐、确认被加工禽类的原料，准备用具及盛器。

②按做菜要求对不同的禽类进行宰杀、褪毛、去内脏，将经过宰杀、褪毛、去内脏处理的禽类原料进行分割。

③将经过分档、清洗的禽类原料放于专用的带有漏眼的塑料筐内，控净水分，分送到各厨房内的专用货架上，暂时不用的原料用保鲜膜封严，送冷藏库暂存等用。

④清洁场地，清运垃圾，清理用具，妥善保管。

3）畜肉类原料初加工操作堆积与质量标准

（1）作业要求

①畜肉类初加工主要是对带骨的排骨等的斩切，加工时应使用专用的工具。

②按《标准菜谱》中规定的切割规格进行单独加工。

（2）质量标准

①选择使用的部位合理准确，对不同的部位应做到物尽其用；按规定应除净的污物、杂毛、筋腱、碎骨等剔尽。

②分类加工，整齐盛放，不同菜肴使用的原料不能互串在一起。

（3）加工步骤

①备齐待加工带骨肉类的原料，准备好用具和盛器。根据菜肴烹调规格要求，将所用的猪、牛、羊等肉类原料进行不同的除污、洗涤、分档和切割。

②将经过分档、清洗的畜肉类原料放于专用的带有漏眼的塑料筐内，控净水分，分送到各厨房内的专用货架上，暂时不用的原料用保鲜膜封严，分别放置冷藏库或冰箱规定的位置，留待以后取用。

③清洁场地，清运垃圾，清理用具，妥善保管。

4）水产类原料初加工操作堆积与质量标准

（1）作业要求

①不同的水产品种根据不同菜肴的规格标准采用不同的合理的加工方法。

②具体加工处理必须根据《标准菜谱》的要求进行。

③需要提前加工的应分类加工，分别盛放，如鱼、贝等不能混放在一起。

（2）质量标准

①整鱼务必要除尽污秽杂物，去净鱼鳞，需要留鱼鳞的则要完整保留；放尽血污，除净鳃，内脏与体内黑膜及杂物等，洗涤干净。

②鱼头的加工则按去鳃、洗净、斩切步骤进行，斩切按《标准菜谱》规定的要求进行处理。

（3）加工步骤（以鱼为例）

①确认所加工鱼的品种、数量，准备好用具及盛器。将活鱼放置墩上，把刀身放平，轻拍鱼身，将其拍死，先用刮鳞刷刮净鱼身两面的鱼鳞。

②整鱼烹制时，先从鱼的口腔或鳃部将内脏连同鱼鳃一同取出，然后用清水冲洗干净。

③需要切段或切块的鱼则剖开腹部取出内脏及鳃，洗净后用刀斩成要求的块或段。

④清洁场地，清运垃圾，清理用具，妥善保管。

任务3 热菜厨房的运行管理

【引导案例】

生意火爆的港粤大酒楼，在当天经营结束后，收到客人三张投诉单。投诉内容如下：第一，喝下午茶的客人在茶点的澄面虾饺中，吃出了一片小纸屑，虽然不大，但心里别扭。第二，午餐婚宴的菜肴——清炒豆苗中一粒沙子硌了客人的牙，险些出血。第三，晚餐一桌商务宴请的客人提出菜肴肉片口蘑中的蘑菇有酸味，要求退菜并质疑口蘑的质量。经餐厅领班证实，客人无过错。小黄受厨师长委托，负责查找造成客人投诉的根源。

点评：在热菜厨房中，每个岗位都有其特定的操作规程，如果员工没有按照操作规程进行操作，可能会导致失误和事故。同时，要加强对食品加工过程的监督，确保食品的卫生和质量。

中式宴席的特点之一，就是热菜在整个宴席中占的比重比较大，一般情况下，热菜的数量和价值可以占整桌宴席总食品量的60%～70%。有时候客人评价一桌宴席水平的高低、优劣，往往是以宴席中的热菜质量为主要指标。因此，中餐厨房中的热菜生产就成为厨房管理的核心任务。

热菜的烹制加工，有赖于热菜厨房各个岗位的协作。传统中餐热菜的加工分为切配岗位与烹调岗位，俗称"案"与"灶"两大环节。随着厨房管理水平的不断提高与厨房工作岗位的细化，原来的两大环节已增加到三大环节，即在砧板和炉灶的基础上，增加了打荷岗位。这种分工在很大程度上得益于粤菜厨房管理的传播。这种分工有其合理性，已被中餐厨房所广泛接受并运用于厨房的实际管理活动中。要确保中餐厨房生产的良好运行和出品优质的菜品，关键在于对热菜厨房生产上的三大环节进行有效管理。

5.3.1　砧板规范作业程序与标准

在规模较大的中餐厨房中，热菜厨房的砧板岗位是由两个工作内容构成的，一是对原料进行切配成型；另一个是对菜肴进行配份，负责对菜肴进行配份的厨师通常称为配菜师。在一般的小型厨房中，这两个岗位是合二为一的（图5-3）。

图5-3　砧板岗位图

5.3.2　打荷规范作业程序与标准

打荷是现代厨房必不可少的岗位（图5-4）。此岗位起到了菜肴质量监督、出菜速度调控、菜肴出品的美化等作用，也减轻了炉灶厨师的工作强度，加快了出菜的速度，使出菜的环节更严谨。

图5-4　打荷岗位图

5.3.3　烹调规范作业程序与标准

　　菜肴烹调是厨房生产的最后一道作业程序，是确定菜肴色泽、口味、形态、质地的关键环节。菜肴烹调直接关系着菜肴质量的最后形成，菜肴烹调节奏的快慢、出菜过程是否井然有序等，也取决于烹调作业岗位。因此，烹调是厨房生产管理中最为重要的部分（图5-5）。

图5-5　烹调菜肴过程图

5.3.4　热菜烹调技法的种类

　　烹调工艺的分类和其他类别一样，有多种分类方法。根据加工原料时传热介质的不同，可分为液态介质传热法、气态介质传热法、固态介质传热法三种；根据烹调的工艺特点和风味特色，可分为炸、炒、熘、爆、烹、炖、焖、煨、烧、扒、煮、汆、烩、煎、贴、塌、蒸、烤、涮等几十种。

任务4　冷菜厨房的运行管理

【引导案例】

　　实习生李萌跟随行政总厨检查冷菜加工间的工作，观察到以下情况：第一，冷菜加工间只有案板和菜墩各一个；第二，某厨师将昨天的冷菜并入新制作的冷菜中继续出售；第三，对于浇汁的冷菜在分别装盘后即浇汁；第四，烤里脊用烤后腿来代替；第五，所有的拼摆均采用估量法。

　　点评：冷菜间的卫生条件要求非常严格，制作冷菜时，操作不规范可能会导致食品质量不达标或者食品安全问题。另外，在烹饪过程中，需要精确控制食材的比例和分量，以确保最终的口感和味道，如果采用估量法，可能会因误差而导致口感和味道的偏差。

　　冷菜是宴席中的重要组成部分，它对刺激人们的食欲，增加宴席的气氛，提高我国的烹饪艺术水平起着积极的作用。冷菜制作要求非常高，无论小碟还是拼盘，都要刀工精致、形象生动、色彩美观；并且冷菜厨房的清洁卫生要求很高，对冷菜厨师的仪表仪容和个人卫生也要求特别高。同时，菜肴的成型规格、工作流程也与众不同（图5-6）。

图5-6　宴席冷菜

5.4.1　冷菜烹制工作程序

冷菜烹制工作程序见表5-1。

表5-1　冷菜烹制工作程序

	作业程序	作业内容和要求
1	上班	上班后，应洗手消毒，更换工作衣，戴工作帽
2	了解任务	与订餐台进行联系，了解次日宴会和其他接待人数、就餐标准及特点、要求
3	准备原料	原材料要严格把关，确保原料的质量，对直接拌食的原料要清洗
4	刀案消毒	用高度酒精对砧板、刀具进行明火消毒；用漂白精水对抹布消毒
5	刀功处理	根据不同品种的冷菜，分类进行严格选料，将原材料加工成所要求的形状；生熟原料的加工要有固定的场地
	直接调味	根据不同的冷菜食品，选好配料和调味料
	烹制调味	冷菜食品不同的烹制方法，加工制作各种冷菜食品
6	装盆	取用洁净的餐具盛放；事先设计围碟、总盆所需原料种类的搭配和艺术图案，然后利用刀工技术组合拼摆
7	工作结束	应将所有的饮具和用具进行清洗消毒，放到指定的地方备用，剩余的冷荤食品放入冰柜中，注意生熟原料分开存放
	紫外线消毒	等人员离开冷菜房时，开启紫外线灯，进行消毒

5.4.2　冷菜装盘的要求

冷菜装盘是指将加工好的冷菜，按一定的规格要求和形式进行刀工切配处理，再整齐美观地装入盛器的一道工序。所以冷菜比热菜更注重刀功，注重卫生。刀功要求：制作冷菜要有过硬的刀功技术，条、丝、块、片不仅要大小一致，厚薄均匀，还要有一定的标准。为了使刀面整齐，刀口平整漂亮，原料在烧制后待完全冷却后进行加工，有些还要压制结实。否则原料易变形，影响菜品形状。

色彩要求：冷菜装盘时色泽配合要鲜艳和谐。卤制原料为了增加色彩和光泽，可用香油、姜丝、蒜丝、芝麻等拌制。

形态要求：同桌的冷菜应运用多种形式装盘，以免形状单调呆板。

数量要求：装盆时原料不能超出盘的底边线，高度是原料底平面跨度的1/2以上。

点缀要求：冷菜的点缀手法有全围点缀、对称点缀、一角点缀，但点缀物要精小。

防止串味：多拼冷菜须避免将带有汤汁的原料相互串味。

卫生要求：冷菜经刀工处理后，直接装盘食用，因此要特别注意卫生，保持砧板和刀具清洁，不使用色素和不洁的点缀物。

5.4.3 冷菜制作技法种类

冷菜的制作方法颇有特色，有些像热菜一样加热和调味一起进行，有些加热和调味不一起进行，甚至不加热直接调味进行。前者称为热烹调味技法，后者称为非热调味技法。但热菜的好多烹调技法在冷菜制作中也常使用到，如炸、蒸、煮烧、烟熏等。为了使餐饮管理者有所了解，在此用表加以说明（表5-2）。

表5-2　冷菜制作技法种类

序号	是否加热分类	按调味方法分类	技法	
1	非热调味技法	直接调味法	凉拌	
2			炝	
3			醉	
4			蘸	
5		浸泡调味法	浸	盐水浸
6				糖水浸
7		腌渍成熟调味法	盐腌	
8			醋浸	
9			碱腌	
10		发酵成熟调味法	泡	
11			醉	
12			糟	
13	热烹调味技法	加热调味法	炸	
14			炸收	
15			酥	
16			卤	
17			蒸	
18			煮	
19			烧	
20			烟熏	
21			挂霜	
22			冻	

任务5 点心厨房的运行管理

【引导案例】

实习生李萌跟随行政总厨检查西点加工间的工作，观察到以下情况：第一，某厨师烤制蛋糕坯时，将烤箱的温度设定为300 ℃；第二，使用从加工间借来的铝盆用抽条搅拌奶油；第三，制作苹果派时，将苹果去皮切片后，放在不锈钢盆中，准备半小时后制作馅心；第四，上次制作的苹果派已经在冰箱中存放36小时；第五，将面粉直接倒入和面机中；第六，为了改善口感，在标准松酥面配方的基础上加大了黄油的用量比例。

点评：点心厨房是食品生产的重要场所，卫生和安全管理非常重要，要制定卫生和安全管理制度，建立卫生和安全检查机制，确保员工遵守卫生和安全规定。同时，要加强对食品原料使用的监督，确保食品的口感及营养。

中餐面点是以小麦、大米、豆类为主要原料制作的各种小吃和点心（图5-7），是中国菜肴的重要组成部分。我国面点有两大风味和三种制作方式：两大风味指南味和北味；三种制作方式指以广州为代表的广式点心、以苏州为代表的苏式点心、以北京为代表的京式点心。中餐面点的种类有很多，分类方法不一，按原料分类，可分为麦类、米类和杂粮类；按面团性质分类，可分为油酥、发面、水面；按熟制方法分类，可分为蒸、煮、煎、烙、炸、烤等方法制成的点心；按面点形态分类，可将它们分为饭、粥、糕、饼、团、条、块、卷、包、饺和冻等；按口味分类，可分为甜味、咸味、甜咸味和淡味面点等。

图5-7 中餐面点

5.5.1 和面作业的管理

制作面点时首先应调制面团。通常面团有4个种类，它们是水调面团、膨松面团、油酥面团和其他面团。和面根据面点种类和花色品种分别选用不同的面粉，有米粉、面粉、杂粮粉之分。为此，要根据制定的面点菜单，安排好面点生产任务，然后根据不同花色品种的要求，合理用料。

5.5.2　拌料作业的管理

面点食品尽管有几十个种类，但大体可分为含料和带馅两个大类。前者的配料和调味品直接掺和在面粉中，和面和拌料同时进行；后者是配料和调味品单独形成馅料，然后用面团包裹。

1）拌料

将配料和调味品，如鸡蛋、油、盐、味精、花椒面、胡椒粉、香油、葱花等掺和于面粉中，然后用手工或机器搅拌、揉搓，使其达到能够制作产品的要求。

2）制馅

面点馅心用料广泛，包括植物性原料或动物性原料，有时动物、植物原料兼而有之。馅心的味道常有咸味、甜味或甜咸味等。馅心与面点的色香味形都有着直接的关系，它不仅增加了面点的花色品种，而且增加了面点的营养价值。

拌料或拌馅都是十分重要的环节，它直接影响面点食品的造型和烹制完成后的色、香、味、形和酥、脆、松、嫩等质量。为此，拌料或制馅都应加强管理，保证质量。其方法是：第一，拌料或拌馅都应选择有专业技术水平的面点师负责。第二，拌料与和面同时进行，必须保证配料和调味品比例，搅拌或揉搓均匀、细致，使各种原料充分溶化在面料中，保证味道纯正。第三，馅料原材料要精细加工，配料准确，搅拌均匀得体，味道鲜美。第四，每种面点的拌料或拌馅完成后，要严格检查，在保证质量的基础上，方可进入下一道工序。

5.5.3　造型作业的管理

造型是面点烹调制作管理的前奏。和好的面料，如果是发面，需要经过一定时间的发酵，方可正式造型。将调制好的面团和坯皮，按照工艺要求，运用搓、包、卷、捏、抻、切、削、叠、摊、拂、按、钳花、滚粘和镶嵌等方法，制成各种形状，如圆形、半圆形、椭圆形、三角形、宝塔形、象形等。造型的关键是要美观、大方、精巧，带馅面点的造型要均匀、光滑（图5-8），管理人员要做好检查，保证质量。

图5-8　造型面点

5.5.4 烘烤和烹制作业的管理

烘烤和烹制是面点烹调制作管理的最后一道工序。烘烤是将加工好的面点放入烤箱、微波炉等机械炉灶设备中，加热使之成熟的过程。一般将半成品放入烤盘，调好烤箱的温度和时间，进行分批烘烤。

烹制则是根据面点花色品种制作要求，分别用蒸、煮、烧、烙、煎、炸、烤等烹调技法，使面点原料完成化学反应和物理反应达到成熟的过程。

蒸是将成型的生坯放在蒸箱内加热使之成熟的过程，这一方法用途广泛，适用于各种膨松面团、水调面团、米粉面团，如花卷、烧卖、包子、蒸饺、蛋糕等。通过蒸制作的面点，形态完整，质地蓬松柔软，馅心鲜嫩（图5-9）。

图5-9 蒸包子

煮是通过水加热使之成熟的过程，水煮成熟适用于面条、汤圆、饺子、粥等。水煮加工技术的关键是水与被煮物数量的比例，水的数量一定要保持在被煮物的5倍以上。此外，保持旺火、沸水（图5-10）。

图5-10 煮汤圆

烙是将面点放在金属盘上，通过金属传热的方法加热使之成熟的过程，如各种饼类，即是通过烙的方法成熟的。许多面点同时使用烤、烙方法或先烙再烤。

煎和炸是通过食油加热使食物成熟。水面多通过煎的方法使之成熟，如各种锅贴。许多油酥类点心是通过油炸使之成熟，如荷花酥、海棠酥。

烤是通过热气加热点心使食物成熟的过程。一般将装好半成品的烤盘分批放入烤箱，调好烤箱的温度和时间，进行烘烤。

任务6　西餐厨房的运行管理

【引导案例】

卫生防疫部门在抽查清湾大酒店西餐厨房的二级库房时，发现放在储物柜最里面的罐头已经过了保质期；经理结合最近一段时间顾客对食物质量的投诉增多的事实，要求行政总厨对此进行调查和整改，以挽回酒店的声誉。

中午开餐后，行政总厨带着各厨房厨师长进行厨房巡回检查。在西餐厨房的冷冻柜中，检查组看到里面堆放着各种冷冻原料，行政总厨指着一包虾问厨师领班小杨："这是什么时候的虾？"小杨说："我一般都知道哪些是放置时间比较久的，开餐时配菜总是先把它拿出来。"总厨随手拿起冻虾，发现已过期2个月了。总厨看到冷冻柜靠里面的几包生肉已冻在柜壁上，并且积了厚厚的一层霜，只有靠柜门的几包肉是活动的，便问："那几包冻在柜壁上的肉是什么时候放进去的？"小杨不好意思地回答："大概好久了吧。"

点评：二级库房食品过期的原因与原料的申领及库房清理有关；冷冻柜使用管理不规范导致储存的原料没有入库日期，冰柜内壁及原料存积了厚厚的冰霜却未定期除霜。

西餐是我国和其他东方国家和地区对欧美各国菜肴的总称。它常指法国、意大利、美国、英国、俄罗斯等国家的菜肴（图5-11）。此外，希腊、德国、奥地利、匈牙利、西班牙、葡萄牙、荷兰等国的菜肴也都是著名的西餐菜肴。西餐的原料主要是海鲜、畜肉、禽类、鸡蛋、奶制品、蔬菜、水果和粮食。食品原料中的奶制品很多，包括牛奶、奶油、黄油、奶酪、酸奶酪等。西餐使用的畜肉以牛肉最多，然后是羊肉和猪肉。西餐常常使用大块食品为原料，如牛排、鱼排、鸡排等。菜单常以3~4道菜的组合方式出现。

图5-11　西餐

西餐菜肴讲究火候，如扒牛排的火候根据顾客的需求，有三四成熟、半熟和七八成熟，煮鸡蛋也有半熟（三分钟）、七八成熟（四分钟）和全熟（五分钟）之分。在营养方面，西餐讲究原料的合理搭配，并根据原料的不同特性尽量保持其营养成分。

西餐厨房是西餐的加工车间，西餐的食品原料要经过西厨房的加工和烹调才能成为菜肴或面点，然后由服务员将菜肴送入餐厅。西厨房的基本生产工作包括：

①食品原料选择、验收与储存。

②海鲜、禽肉、畜肉和蔬菜的加工和切配。

③汤和沙司制作。

④菜肴烹调和熟制。

⑤面包和点心的加工与熟制。

⑥厨房的辅助与清洁工作。

5.6.1 西餐原料的选择管理

选择优质、卫生的食品原料是西餐烹调的第一步。西餐菜肴质量的基础是食品原料的质量。因此选料时，应对原料进行感官检查和物理检查，包括对原料的颜色、气味、弹性、硬度、外形、大小、重量和包装等进行检查。通过这些检查确定原料的新鲜度、规格和质量情况。按照食品加工和烹调要求选用适合的品种和部位，如鱼有脂肪鱼和非脂肪鱼，有各种形状，不同的鱼适用于不同的烹调方法。又如，畜肉有不同的部位，各部位的肉质老嫩程度不同。因此在畜肉菜肴的制作中，就要按照不同的部位，使用适当的加工和烹调方法才能制作出理想的菜肴。西餐食品原料的采购、验收与储存可与中餐厨房一起运行，由餐饮部统一管理。

食品原料初加工是西餐生产中的基础环节，它与菜肴的质量有着密切的联系。合理的初加工可以综合利用原材料，降低成本，增加效益，并且使原材料符合要求，保持原料的清洁卫生和营养成分，增加菜肴的颜色、味道和形状。

5.6.2 西餐原料初加工管理

1）蔬菜原料初加工

蔬菜是西餐常用的原料。它们的种类及食用部位不同，加工方法也不同。但是无论哪种蔬菜，清洗时，都应先洗后切，保持蔬菜的营养素。最后将经过整理、清洗的蔬菜沥去水分，放在冷藏箱或适当的地方待用。西餐厨房使用的原料和中餐厨房的原料统一加工，操作步骤与要求一般与中餐原料大致相同。如：

①叶菜类蔬菜应去掉老根、老叶、黄叶，清洗干净。

②根茎类蔬菜应去掉外皮。

③果菜类蔬菜要去掉外皮和果心。

④豆类蔬菜应根据具体品种和食用方法剥去豆荚上的筋络或者剥去豆荚。

2）畜肉原料初加工

当今西餐业使用经过加工和整理的牛肉、羊肉和猪肉。在旅游业发达的国家，饭店购进的畜肉原料已经切成所需要的各种形状。但是，在某些国家和地区，仍然有许多饭店和西餐餐厅购进带骨、带皮的畜肉，这样需要将它们进行初加工。首先是去掉骨头，然后根据畜肉各部位的实际用途进行分类，清洗，沥去水分。最后将加工好的肉放入容器中，冷冻或冷藏。

3）水产原料初加工

通常水产品原料在切配和烹调前要做许多初加工工作，如宰杀、刮鳞、去鳃、去内脏、清洗。根据烹调需要将鱼切成不同的形状。在许多旅游业发达的国家，水产品的初加

工工作已经由供应商完成，一些鱼类原料已经由供应商根据西餐的烹调要求切成不同的形状。

4）家禽原料初加工

西餐餐厅常常采购经过宰杀和整理好的禽肉原料，如经过开膛去内脏的鸡、鸭，以及处理好的鸡大腿、鸡翅、鸡胸脯等。但是，这种方便型的家禽原料也需要初加工，特别是清洗。

5.6.3 西餐原料的切配管理

食品原料切配是将经过初加工的原料切割成符合烹调要求的形状并合理地搭配在一起，使之成为完美的菜肴的过程。在配菜前，首先是切割原料，需要运用不同的刀具和刀法将食品原料切成不同的形状。

1）常用切割作业方法

①切成块，将食品原料切成较大的、整齐的块状。

②剁、劈，将食品原料切成不规则的形状。

③切成末，将食品原料切成碎末状。

④切成片，将食品原料横向切成整齐的片状。

2）常用的原料形状和规格

西餐原料的切配要求见表5-3。

表5-3　西餐原料的切配要求

料形名称	适用原料	切制规格/mm		
		长	宽	厚
末	洋葱、西芹等	3	3	3
小丁	洋葱、番茄等	6	6	6
中丁	土豆、胡萝卜等	10	10	10
大丁	牛肉、水果等	20	20	20
小条	土豆等	40	6	6
中条	土豆等	80	3·	3
大条	土豆等	80～100	8～10	8～10
片	土豆、番茄等	50～150	20～40	3～8
楔形	西瓜、苹果类	如切好的各种大小的西瓜块形状		
圆心角形	瓜果类	将各种厚薄圆片切成4等份或3等份		
椭圆形	土豆、胡萝卜等	腰果形，通常有7个相等的边		

3）配菜的基本原则

配菜是根据每盘菜肴的质量要求，把经过刀工处理的各种食品原料进行合理搭配，使它们成为一盘在色、香、味、形方面达到完美的菜肴。配菜中，常遵循以下原则。

①注意原料数量之间的协调性，应当突出主料的数量，配料的数量应当少于主料。

②注意各种原料的颜色配合，每盘菜肴应当有2~3种颜色，颜色单调会使菜肴呆板。颜色过多，菜肴显得不庄重。

③尽量突出主料的自然味道，用不同味道的原料或调料来弥补主料味道的不足。

④尽量将相同形状的原料配合在一起，使菜肴整齐。但是，如果配菜和装饰菜的形状与主料不同，有时会影响菜肴的美观。

⑤将不同质地的食品原料配合在一起以达到互补。例如，土豆沙拉中放一些嫩黄瓜丁或嫩西芹丁，菜泥汤或奶油汤中放一些烤干的面包丁。

⑥现代西餐菜肴注重营养设计，讲究合理搭配原料以满足不同顾客的需求。许多发达国家和地区饭店的菜单上在每道菜肴说明的栏目中，都明确地写出菜肴中的蛋白质含量和热量。

西餐厨房各部门作业流程指食品原料在西餐厨房的某一部门中的加工或制作程序。不同的西餐厨房加工部门和西餐菜肴在厨房中不同的加工阶段，其加工程序是不同的。西餐厨房的各部门作业程序常包括鱼禽肉的加工程序、蔬菜加工程序、食品原料切配程序、菜肴的烹调程序、面点制作程序和冷菜制作程序等。西餐厨房的分工与中餐厨房的分工也略有不同，中餐厨房原料切配与烹调是由不同部门和不同人员加工完成的；而西餐厨房是按菜肴的性质来分工的，切配与烹调由同一部门完成，类似中餐的冷菜房。西餐厨房根据菜肴的性质分为冷菜加工区域、制汤加工区域、主菜加工区域、面包西点加工区域。

【课后练习】

一、选择题

1. 鸡蛋成熟度七八成，需要煮（　　）分钟。

A. 3分钟　　　　　　B. 4分钟　　　　　　C. 5分钟　　　　　　D. 6分钟

2. 负责制作各种调味汁的厨师是（　　）。

A. 冷菜厨师　　　　　B. 沙司厨师　　　　　C. 烧烤厨师　　　　　D. 蔬菜厨师

3. 蔬菜类原料初加工一般要求浸泡（　　）分钟。

A. 8　　　　　　　　B. 9　　　　　　　　C. 10　　　　　　　　D. 11

4. 西餐中，中等大小的丁是指（　　）。

A. 10立方毫米　　　　B. 5立方毫米　　　　C. 15立方毫米　　　　D. 20立方毫米

二、思考题

1. 原料解冻需要注意的要点有哪些？

2. 加工原料的数量确定和控制过程如何？

3. 厨房开餐前的准备工作有哪些？

4. 厨房开餐期间的生产管理内容有哪些？

单元6

厨房产品品质管理

【知识目标】

1. 了解厨房产品质量的内涵。
2. 了解影响厨房产品质量的因素。
3. 熟悉标准菜谱的作用和内容。
4. 掌握菜品质量感官评定标准。
5. 掌握控制厨房产品质量的方法。

【能力目标】

1. 能根据观察提出保持菜品稳定的方法。
2. 能根据需要制定标准菜谱。

【素质目标】

1. 培养学生对烹饪事业的热爱，以及责任心和团队合作精神。
2. 培养学生树立爱岗敬业、诚实守信的职业道德。
3. 强化学生的法律意识，使其遵守行业相关的法律法规。

【单元导读】

厨房产品品质的管理，从某种意义上说决定着餐饮门店的声誉和效益。厨房的管理水平和出品品质，直接影响餐饮门店的特色、经营及效益。任何餐饮门店没有过硬的产品品质，都不可能取得长久、理想的经营效果。受种种因素的影响，厨房产品品质具有随时发生波动和变化的可能，故产品品质的控制要渗透到整个流程的每一个环节，只要有一个环节达不到标准要求，就会影响到产品的最终品质。

任务1 厨房产品质量内涵

【引导案例】

餐饮企业经营取胜到底靠什么？这是许多经营者都为之奋斗的事情。尽管影响餐饮经营的方面很多，但归根到底还是菜品质量最重要。

一盘菜做好后，仅仅按照原有的色、香、味、形、器的标准是远远不够的，而应该强化食品安全、卫生、营养、原料质地、成菜温度的评判指标。实际上，厨房生产过程中的安全、卫生比成菜的口味更重要。

①始终如一才是质量的根本。北京著名老字号"东来顺"对羊肉的选择一律采用内蒙古集宁地区的优质绵羊，必须是两三岁的阉割过的公羊，一只羊只用四个部位，绝对瘦而嫩，羊肉片要切得极薄，四两一盘，盘盘保证40片，佐料也颇为讲究，质量上乘，不得将就。这些规矩从1914年东来顺最早的主人丁德山开始就是这么办的。就靠这不走样的规矩，他的涮羊肉早在20世纪30—40年代就名满京城。多年来，东来顺的主人一茬茬换，但它的4个特点一直没变：选料精、加工细、调料全、火力旺。

②餐饮品牌来源于质量的支撑。仅仅是一个品牌名称或设计符合市场需求是远远不够的，品牌的背后一定要有稳定的、持续改进的质量水平在支撑，才不至于名不副实，昙花一现。品牌市场竞争的首要因素是产品的质量，产品质量高，就为企业的品牌竞争奠定了良好的基础。一个品牌成长的生命力来源于质量，一个品牌在市场中垮掉，许多也是因为质量出现了问题。所以说质量是品牌的生命，是支撑品牌的基础。

天津"狗不理"包子一直名声不减。"狗不理"能成为名牌，关键是它有独特的经营技巧，善于以质量取胜。包子是一种最普通的大众化食品，几乎人人都需要它，人人亦懂得品尝和鉴定它。经营者若想使这一种商品的经营成功，那必须要技高一筹。"狗不理"包子就是本着这样的宗旨，百多年来脚踏实地攻优夺誉，先质后量，以质求量，用质竞争，创出了品牌形象，获取了经营的成功。

点评：质量是企业的生命，是企业能够兴旺发达的源泉。

对餐饮产品质量的内涵进行界定是产品质量控制的前提。餐饮产品的质量，不仅是指提供给顾客的食品应该无毒、无害、卫生、营养、芳香可口、易于消化，而且食品的色、形、温度、质地等也是食品质量的重要构成要素。

6.1.1 食品品质的构成要素

1）产品的卫生与营养

卫生与营养是食品质量的必备条件。卫生首先是指原料本身是否含有毒素，如是否为毒蘑菇等；其次是指食品原料在采购加工等环节中是否遭受到有毒、有害物质、物品的污染，如化学有害品和有毒品的污染；最后是食品原料本身是否由于有害细菌的大量繁殖，造成食物的变质等。这三方面无论哪一方面出现问题，均会直接影响产品本身的卫生质量。

食品原料的营养同样是食品自身质量的重要方面。社会的进步、科学技术的发展，使得人们越来越将营养作为自己膳食的追逐目标。这就需要餐饮门店厨房工作人员严格管理，把好食品营养关，并能区别不同就餐对象，设计专门的营养餐牌，进行制作加工，体现出产品品质的可靠和营养。鉴别餐饮产品是否具有营养价值，主要看两个方面：一是食品原料是否含有人体所需的营养成分；二是这些成分本身的数量达到怎样的水平。

2）产品的颜色

食物颜色是引起消费者注意的一项重要指标，许多人往往通过视觉对食物进行第一步评判。"色"往往以先入为主的方式，给就餐者留下第一印象。餐饮产品的颜色可以由动物、植物组织中天然的色素形成。水果和蔬菜的主要色素分为胡萝卜素、叶绿素、花色素和花黄色素四种。餐饮产品的生产制作加工过程也能对成品的颜色变化发生作用，因此在制作加工的过程中，要通过恰当的处理，使原料转变成理想的颜色。

餐饮产品颜色改变的另一种途径，是通过添加含有色素的调味品来完成的，如黄油、番茄汁、酱油等。例如，江苏名菜"松鼠鳜鱼"（图6-1），鳜鱼经过油炸后浇上番茄汁，使产品颜色更加鲜艳。

图6-1 松鼠鳜鱼

产品的颜色应自然清新，色彩鲜明，适应季节变化，适合不同地域、不同审美标准，给就餐者以美感。那些原料搭配不当或制作过分，成品色彩混沌、色泽暗淡的，不仅表明营养方面的质量欠佳，而且影响就餐者的情绪。

3）产品的香气

餐饮产品的香气是指产品飘逸出的芳香。人们是通过鼻腔上部的上皮嗅觉神经系统感知香味的。人们就餐时，总是先感觉到产品的香气，再品尝到食物的滋味。在人们将食物送入口中之时，气味就由空气进入鼻中。人对气体的感受程度同气体产生物本身的温度高低有关，一般来说，物体本身的温度越高，其散发的气体就越容易被感受到。因此，要特别重视扒炉产品，如牛扒的香味、台湾卤肉的味道，未品其味，先闻其香，芳香浓郁，清新隽永，诱人食欲，催人下箸。反之，如果产品特有的芳香不能得以呈现和挥发，则会影响消费者对产品的期望，对其质量的评价自然不会高。

4）产品的滋味

产品的滋味是指餐饮产品入口后对人的口腔、舌头上的味觉系统产生作用，给人口中留下的感受。产品的滋味是产品质量的核心指标。人们去餐饮门店用餐，并非仅仅满足于嗅闻产品的香味，他们更需要品尝到食物的味道。人们通常所说的酸、甜、苦、辣和咸是五种基本味。基本味的不同组合，各取不同比例、用量，调制出的产品滋味可谓丰富多彩。

5）产品的外形

产品的外形是指产品的形状、造型。原料本身的形态、加工处理的技法以及制作装盘的拼摆都直接影响到产品的"形"。如造型菜"金鱼戏莲"（图6-2），金鱼用南瓜鱼茸挤入鱼形模具蒸制而成，莲蓬用扣肉制作而成，整体造型具有形态美和意境美。

图6-2 金鱼戏莲

刀工精美、整齐划一、装盘饱满、形象生动，能给就餐者以美感享受。这些效果的取得，要靠厨师的艺术设计。另外，利用围边进行盘饰点缀也能使热菜的造型多姿多彩。

热菜造型以神似为主；沙拉的造型比热菜更方便，也有更高的要求。沙拉先制作后装配，提供美化产品的时间。因此，对一些有主题的餐饮活动，沙拉有针对性的装盘造型就更加必要和富有效果。

产品对"形"的追求要把握分寸，过分精雕细刻，反复触摸摆弄，或者污染产品、喧宾夺主，甚至华而不实、杂乱无章，则对产品的"形"有极大破坏。

6）产品的质感

质感即产品给人的质地方面的印象。质感包括这样一些属性，如韧性、弹性、胶性、黏附性、纤维性及脆性等。产品的质感是影响其可接受性的另一个重要因素。任何偏离产品可接受的特有质地，都可使其变为不合格产品，如多筋的蔬菜等。

菜点在口腔中滚动并被齿龈和硬、软腭感受到，然后进一步被牙齿咬碎，使口腔表面分泌出大量的味觉与嗅觉刺激物。这些刺激物的总效应就是为大脑提供该菜点的质地感觉。通常菜点的质地感觉包括以下几个方面。

（1）酥

产品入口后迎牙即散，成为碎渣。通常似乎有抵抗而又无阻力的微妙感觉，如炸香蕉。

（2）脆

产品入口后迎牙而裂，而且顺着裂纹一直劈开，产生一种有抵抗力的感觉，如山药卷。

（3）韧

产品入口后带有弹性的硬度，咀嚼时产生的抵抗性不那么强烈，但时间久。韧的特点，要经牙齿较长时间的咀嚼才能感受到，如干煸牛肉丝、花菇牛筋煲等。

（4）嫩

产品入口后有光滑感，一嚼即碎，没有什么抵抗力，如银鳕鱼。

（5）烂

入口即化，几乎不用咀嚼，如台湾卤肉。

产品的质地受欢迎与否在很大程度上取决于原料的性质和产品的制作时间及温度。因此，制作产品必须将严格的生产计划与每道产品合适的制作时间相结合，以生产合格的产品。

7）产品的器具

器具是指餐饮产品生产后用来盛装产品的容器。对产品器具的基本要求是：不同的产品配以不同的器具，配合恰当，相映生辉，相得益彰；产品分量与器具的大小一致；产品的名称与器具的叫法相吻合；产品的身价与器具的贵贱相匹配，合适的器具可使产品锦上添花。如福建名菜"佛跳墙"（图6-3），选用多种山珍海味原料文火煨制而成，与精美器具炖盅相配，凸显产品的高贵。虽然大部分器具对产品质量并不产生太大影响，但是对于用煲、砂锅、铁板、火锅、明炉等制造特定气氛和需要较长时间保温的产品来说，器具对其质量却有着至关重要的作用。热菜用保温器具、沙拉用常温餐具能不同程度地提高产品出品的质量。相反，产品本身质量较好，却盛装在五花八门的残破餐具里，产品的总体质量无疑将大为逊色。

图6-3 佛跳墙

8）产品的温度

产品的温度，即出品菜点的温度。同种产品，同一道点心，出品食用的温度不同，口感质量会有明显差别。如海鲜酥皮浓汤（图6-4），热吃时酥皮香酥可口、汤汁鲜香，冷却后则失去了产品的特色，甚至汤汁凝固。因此，温度是重要的产品质量指标之一。餐饮生产及服务人员要更好地把握每类食品的特色品质，就应遵循以下温度规定：冷菜10 ℃左右，热菜70 ℃以上，热汤80 ℃，热饭65 ℃，砂锅100 ℃。

图6-4　海鲜酥皮浓汤

9）产品的声效

产品的声效，即声音、声响的效果。有些产品，由于厨师的特别设计或特殊器具的配合使用，已在消费者中间形成概念：产品上桌是带响的。比如牛扒类产品、铁板类产品等（图6-5）。此类产品服务上桌的同时，发出"吱吱"的响声，说明产品的温度是足够的，质地是达标的，进而为餐桌创造热烈的气氛。

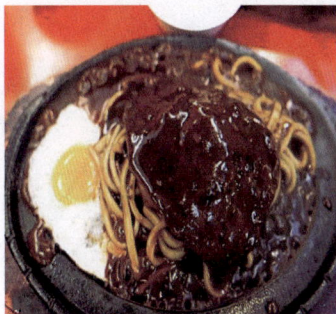

图6-5　铁板牛排

相反，该发出响声的产品没有出声，或者是产品温度不够，或者是产品质地不符合要求，或者是服务不及时等，没有达到人们约定俗成的评判标准，使就餐者觉得产品与期望不符，感到失望和扫兴。

6.1.2　食品品质的感官评定

顾客对所订所点的产品是从不同角度对其进行鉴赏和食用的，产品的外观、风味及其结构组织，顾客都是通过感觉器官眼、耳、鼻、口（舌、牙齿）和手来把握的。手虽然很少直接接触食物，但取用和揲夹产品时通过筷子给手的感觉同样可以帮助了解产品的质地。因此，顾客对产品自身质量的评判，是在调动以往的经历和经验，结合该质量指标应有的内涵，经过感官鉴定而得出的。

1）嗅觉评定

嗅觉评定就是运用嗅觉器官来评定产品的气味。产品的气味大部分来自产品原料本身，调味及制作处理亦可为产品增添受消费者喜爱的香气，如烤面包的焦香、椒盐里脊的咸香等。保持并能恰到好处地增加其芳香的产品，则为好的产品；破坏、损害原有芳香或因香料投放失当，制作不得法，掩盖原料固有的香味而产生令人反感气味的产品则为不合

格产品。

2）视觉评定

视觉评定是根据经验，用肉眼对产品的外部特征如色彩、光泽、造型，产品与器具的配合，装盘的艺术性等进行检查、鉴赏，以评定其质量优劣。充分利用天然色彩，合理搭配，制作恰当，自然和谐，色泽诱人，刀工美观，装盘造型优美别致的产品则为合格优质产品。反之，原料合格而外形差，或切配合适而调味用料重、成品褐黑无光泽，抑或制作较好而装盘不得体、不整洁等均为不合格劣质产品。

3）味觉评定

味觉是人舌头表面味蕾接触食物、受到刺激时产生的反应，可以辨别甜、咸、酸、苦、辣等滋味。产品是否恰当准确，符合风味要求，味觉评定具有很重要的作用。产品纯咸或单酸等呈单一味觉的几乎没有。除了甜品以甜味为主（大多甜品亦具香味，属香甜口味），绝大部分产品都是复合味，如咕噜肉——酸甜型，椒盐鱼——咸香型，怪味鸡——麻辣、咸、鲜、酸、甜、香综合型等。制作产品，其调味用料准确，比例恰当，口味纯正地道即为合格产品；产品虽经调味，可味型不突出，似是而非，甚至出于谨慎，产品淡而寡味，则属不合格产品。

4）听觉评定

声波刺激耳膜引起听觉。听觉也能用于评定产品质量，尤其是牛扒及铁板类产品。听觉检查评定产品质量，可发现其温度是否符合要求，质地是否已处理得膨发酥松（主要指牛扒类产品），同时还可以考核服务是否全面得体。若产品在餐桌上及时发出响声，并香气四溢，配有相应的防溅措施（铁板类产品添加菜盖），则证明该菜这方面的质量是可以的。反之，响声菜给人以无声音或很微弱的听觉感受，则其质量是不合格的。

5）触觉评定

通过舌、牙齿以及手对产品直接或间接地咬、咀嚼、按、摸、敲等活动，可以检查产品的组织结构、质地、温度等，从而评定产品质量。如通过咀嚼可以发现产品的老嫩，通过用舌及口腔的接触可以判断汤、菜温度是否合适，用手掰食面包可以检查其松软状态及筋力程度，用手借助汤匙、筷子可以检查产品是否软嫩酥烂等等。产品软硬恰当、酥嫩适口，其质量是好的；老硬干枯、烂糊不清，则为低劣产品。

五种感官对产品质量的鉴赏评定，往往要同时并用，才能全面把握产品的质量。

任务2　产品品质控制方法

【引导案例】

Red Lobster 是美国迄今为止经营最为成功的餐饮企业之一，主要为北美洲顾客提供各类海鲜菜肴。Red Lobster 海鲜连锁店是由佛罗里达州的一个餐馆老板创建的。至1993年，它25周年时，这个公司在49个州拥有600家餐馆，为1.4亿位顾客提供价值1412万美元的海鲜。Red Lobster还拥有57家加拿大餐馆。

Red Lobster成功的部分秘密就是它建立了好的声誉，即可以提供一贯的质量和各种各样的海鲜。一贯的质量并非偶然的结果，它来自对购买海产品的严格的质量规定，来自经检验的厨房设施，来自给每家餐馆传递生产细则的独特方法。

Red Lobster 现在是全世界最大的购买海产品的餐馆之一，它吸引了来自将近50个国家的供应商。它使用了极尽严格的购买手册，并尽力与供应商建立长期的合作关系。Red Lobster的经营者不仅要熟悉餐饮业，而且还需要有海洋学、海洋生物学、金融学、食品制作过程方面的知识。他们与供应商和食品制作者共同工作，以确保他们的捕捞与制作符合Red Lobster 的高质量标准。既然 Red Lobster 可以确保高质量的供应，那么它是怎样让650家连锁饭店一致地符合标准的呢？答案的重要内容之一，就是标准化的厨房营运系统。

在这里，人们尝试了不同的食品准备方式，被推荐的烹饪法和备料准则进一步得到了发展，甚至关于碟子上食品如何切割和摆设的细节都加以规定。Red Lobster是如何将这些细节传递给这个庞大系统的各个部分的？方法之一就是通过"Lobster电视网络"的运作。Red Lobster制作了录像带，教授备菜和服务技巧。将录像带放入VCD中，所有餐馆的经理和他们的员工就立即会看到新的项目，新的组合菜肴，以及促销和服务的新观念。Red Lobster 是北美最成功的连锁餐馆之一，它的每周顾客评价在同类餐饮业中是最高的。这个公司的历史和目前的持续增长，大部分要归功于它完美的厨房营运系统，这一系统确保了在合理价格上的一贯性、标准化的服务。

点评：维护恒定统一的产品质量，是企业持续经营取得成功的基本保障。内部运营系统的标准化正是企业走向辉煌的基础。

厨房的生产流程主要包括原料加工、切配、制作三个程序。控制就是对产品原料加工、切配、制作这三个流程中的操作加以检查督导，随时消除在制作中出现的一切差错，保证产品达到品质标准。

受多种因素影响，餐饮产品的质量变动较大，餐饮生产管理正是要确保各类产品质量的可靠和稳定。厨房应采取各种措施和有效的控制方法来保证产品的质量符合要求。

6.2.1 标准菜谱控制法

标准菜谱是指餐饮门店为了规范餐饮产品的制作过程、产品质量和经济核算而制定的一种印有产品所用原料、辅料、调料的名称、数量、规格和产品的生产操作程序，装盘要求以及该产品的制作成本、价格核算方法等内容的书面控制标准。

1）标准菜谱与普通菜谱的区别

普通菜谱的主要内容包括：加工餐饮产品的原料、辅料以及餐饮产品的制作过程两大部分。它的作用主要是作为餐饮产品加工生产者的生产工具书。标准菜谱的主要内容中除了普通菜谱的部分内容之外，另有关于餐饮产品经济核算方面的内容。它的作用主要是供餐饮管理人员作为餐饮成本核算、控制的手段。

2）标准菜谱的内容

（1）标准配料量

标准配料量是指事先规定各种产品所需要的各种主料、配料和调味品的数量。在进行标准化生产之前，必须确定生产一份标准份额的产品要用哪些主料、配料和调料，以及每种主料、配料、调料的数量，每种配料的成本单价和金额。

（2）标准份额

标准份额是每份产品以一定价格销售给顾客的规定分量。每份产品每次出售给顾客的数量必须一致。它可以避免引起顾客吃亏、不满或受骗的情绪；也可以防止成本超额，因为如果产品份额不同，则产品所涉及的原料消耗的成本也不同，这样往往会引起成本超额。如果份额不标准，就难以进行成本控制，而销售价格并不会因为产品的份额控制不准而发生变化，这样就会引起餐饮门店利润的波动。

（3）标准成本

标准餐牌上都应该规定每种产品的标准成本。确定每种产品的标准成本通常比较麻烦。首先要通过试验，将各种产品的每份份额、产品的配料及其用量以及制作方法固定下来，制定出标准。然后将各种配料的金额相加，计算出总成本。

（4）标准制作程序

标准制作程序要详细、具体地规定产品制作所需要的炊具、工具以及原料加工切配的方法、加料的数量和次序、制作的方法、制作的温度和时间等。这是影响产品品质的一个重要因素，制定标准程序时必须严谨、认真，应经过多次试验确定最终的标准制作程序。

3）标准菜谱在餐饮门店生产管理中的作用

①使用标准菜谱，能使产品的分量、成本和质量始终保持一致，减少厨师由于经验不足或者技能不熟练等人为因素对产品质量产生负面影响。

②所有厨师等生产人员只需按标准食谱规定的操作方法制作，从而减少了厨房管理人员现场监督管理的工作量。

③便于生产管理人员依据标准菜谱制订、安排生产计划。

④按标准菜谱生产，即使是技术水平不太高的厨师，也能制作符合限量要求的产品。

⑤由于统一使用标准菜谱规范生产，厨房管理人员对厨师的调配使用也显得比较容易。

⑥减少对个别厨师的依赖。如果产品的制作方法只是被一个或者某几个厨师所掌握，若发生厨师请假或临时通知辞职时，该菜的生产无疑要发生混乱，菜谱程序书面化，则可避免厨房对个别厨师的过分依赖。

⑦规定了每种原料的标准分量，便于餐饮门店的成本控制。

⑧使用标准菜谱，可以减少厨师个人的操作难度，技术性可相对降低，因此有更多的人能担任此项工作，劳动成本因而降低。

当然，使用标准菜谱也会引起一些问题：实行新的标准菜谱，需花费一定的时间和精力；必须对生产人员进行培训，使他们掌握新的菜谱；由于标准菜谱强调规范和统一，部分员工感到工作上没有创造性和独立性，可能产生一些消极态度等。这些都需要正面引导和正确督导，以使员工正确认识标准菜谱的意义，发挥其应有的作用。

4）制定标准菜谱的程序与注意事项

①确定主配料、原料及数量。这是很关键的一步，它确定了产品的基调，决定了该产品的主要成本和品质。批量制作的产品，只能平均分摊测算数量，如点心等产品单位较小的品种，但无论如何都应力求精确。

②规定调味料品种，试验确定每份用量。调味料品种、牌号要明确因为不同厂家、不

同牌号的质量差别较大，价格差距也较大。调味料只能根据批量分摊的方式测算。

③计算产品成本。根据主料、配料、调味料用量，计算成本、毛利及售价。随着市场行情的变化，单价、成本会不断地变化，每项核算都必须认真全面地进行。

④规定加工制作步骤。将必需的、主要的、易产生其他做法的步骤加以统一规定，可用术语，但应精练明白。

⑤选定器具，落实盘饰用料及式样。根据产品的原料成分、形状、颜色以及产品的档次等选定器具。

⑥明确产品特点及质量标准。标准菜谱既是培训、生产制作的依据，又是检查、考核的标准，其质量要求更应明确具体才切实可行。

⑦填制标准菜谱。字迹要端正，要使员工都能看懂。

⑧按标准菜谱培训员工，统一出品标准。

需要注意的是，为了保证最佳的出品质量，在制定标准菜谱时，厨师应该对产品的配料、制作流程、方法、时间等进行多次试验，找出最佳制作方法。

标准菜谱一经制定，必须严格执行。在执行过程中，要维持其严肃性和权威性，减少因随意投料和乱改程序而导致厨房出品质量的不一致、不稳定，使标准菜谱在规范厨房出品质量方面发挥应有作用。

6.2.2 岗位职责控制法

利用岗位分工，强化岗位职能，并加以检查督导，对餐饮产品的质量亦有较好的控制效果。

1）明确各岗位分工

餐饮生产要达到一定的标准要求，各项工作必须全面分工落实，这是岗位职责控制法的前提。厨房所有工作划分明确，安排合理，毫无遗漏地分配至各加工生产岗位，才能保证餐饮生产运转过程顺利进行，生产各环节的质量才有人负责，检查和改进工作也才有可能落到实处。

2）按能力分配不同的职责

在明确厨房工作人员相应的岗位职责时，厨房各岗位承担的工作责任也不是均衡一致的。将一些价格昂贵、原料高档或为高规格、重要顾客提供的产品的制作以及技术难度较大的工作列入扒炉、炒锅等重要岗位职责，这样在充分发挥厨师技术潜能的同时，进一步明确责任，可有效地减少和防止质量事故的发生。对厨房产品品位，以及生产上工作构成较大影响的活动，也应规定给各工种主要岗位完成，如配兑调味汁、调制比萨馅料、涨发高档干货原料等。

3）加强监督

厨房岗位职责明确后，首先，要强化厨房工作人员各司其职的意识，每位员工必须对自己的工作负责，保质保量并及时完成各项任务。其次，每一个环节、每一道流程的生产者，对上一道流程的产品品质实行严格的检查控制，不合标准的环节及时提出，帮助前道程序纠正，使整个产品在生产的每个过程都受到监控。此外，厨房负责人必须对本部门的工作品质实行检查控制，并对厨房的工作问题承担责任。

6.2.3 重点控制法

重点控制法是针对餐饮生产与出品的某个时期、某阶段或某环节出现的质量问题进行重点或对重点客情、重要任务以及重大餐饮活动而进行更加详细、全面、专注的督导管理，也是提高和保证出品质量的一种方法。

1）薄弱点控制

通过对餐饮生产及产品质量的检查和考核，找出影响或妨碍生产秩序和产品质量的薄弱环节或岗位，并以此为重点，加强控制，提高工作效率和出品质量。这种控制法的关键是寻找和确定厨房生产的薄弱环节，对厨房生产运转进行全面细致的检查和考核则是其前提。

对餐饮生产和产品质量的检查，可采取管理者自查的方式，也可以凭借顾客意见征求表或向就餐顾客征询意见来找出产品质量的问题点。另外，还可聘请质量检查员以及有关行家、专家，通过检查分析，找出影响质量问题的主要症结所在，以改进工作，提高出品质量。例如，炒锅出菜速度慢，产品口味时好时差，通过跟踪检查发现：炒菜厨师不利索，重复浪费操作多，每菜必尝，口味把握不住；再进一步分析，原来炒菜厨师多为新手，对经营产品的调味、用料及制作缺乏经验。因此，厨师长必须加强对炒锅岗位的指导，加强把关检查，提高制作速度，防止和杜绝不合格产品送出厨房。

显然，重点控制的薄弱岗位和环节是不固定的。某段时期中，几个薄弱环节通过加强控制管理，问题解决了，而其他环节新的问题又可能出现。应及时调整工作重点，进行新的控制督导。另外，这种控制并不是盲目简单的头痛医头、脚痛医脚，而应根据餐饮生产管理的总目标，随着控制重点的转移，不断提高生产及产品质量，完善管理，向新的水准迈进。

2）重点客情、重点任务控制

根据厨房业务活动性质，区别对待一般正常生产任务和重点客情、重要生产任务，加强对后者的控制，对厨房社会效益和经济效益的影响可发挥较大作用。

重点客情、重点任务是指顾客身份特殊或者消费标准不一般，因此从餐牌制订开始就要强调以针对性为主，从原料的选用到菜点的出品，都要注意全过程的安全、卫生和质量可靠。厨师长要加强每个岗位环节的生产管理和质量检查，尽可能安排技术、心理素质较好的厨师为其制作。每道菜点，在尽可能做到设计构思新颖独特之外，还要安排专人跟踪负责，切不可与其他产品交叉混放，以确保制作和出品万无一失。在顾客用餐之后，还应主动征询意见，积累资料，以提高以后的工作质量。

3）重大活动控制

重大餐饮活动，例如企业或者事业单位在餐饮门店举办的自助餐活动，不仅影响范围广，而且为餐饮门店创造的盈利也多。加强对重大活动菜点生产制作的组织和控制，不仅可以有效地节约成本开支，为餐饮门店创造应有的经济效益，而且可以宣传餐饮门店的实力，进而通过就餐顾客的口碑，扩大餐饮门店的影响。

任务3 产品品质全流程控制

【引导案例】

福建省一家提供"闽菜"的酒店，以其优质服务和可口的菜品赢得了众多顾客的光临。在竞争激烈的福建餐饮市场，保持稳定可靠的菜肴出品质量是取胜的关键。该酒店主要采取了3项措施来抓好这一关键环节。

①制定标准菜谱进行生产加工。酒店对菜单上的所有菜肴都制定出了标准菜谱，列出这些菜肴在生产过程中所需要的各种原料、辅料和调料的名称、数量、操作程序、每客份额、装盘器具和围边装饰的配菜等。具体来说，包括5个基本内容：标准烹调程序、标准份额、标准配料量、标准的装盘形式、每份菜的标准成本。

掌握和使用好标准菜谱，使无论是哪位厨师在何时，为谁制作某一菜肴，该菜肴的分量、成本和味道以及装盘器具、围边装饰的配菜都保持一致，保证顾客以同样的价格得到同样的享受。酒店管理者认为，按照已制定好的标准菜谱进行制作，对外有利于经营，对内有利于成本控制，一举两得，事半功倍。这是餐饮管理者加强品质管理必须把握好的第一个关键步骤。

完整的标准菜谱制定之后，厨房管理人员还加强了监督检查，保证在实际工作中，每位厨师都能按照标准菜谱加工烹制，不盲目配料，减少原料的浪费和丢失。

②实行厨师编号上岗。各项标准制定后，厨师必须严格按规定操作。关于烹制过程中的时间、温度、火候的把握，虽然有了文字说明，但在实际操作中还要靠厨师们长期摸索、自己掌握，还有原料质量的差异等因素，要保证生产出来的菜品尽可能保持一致。因此，酒店对厨师实行了编号上岗，以增强厨师的责任心，接受顾客监督。每位厨师对自己加工烹制好的菜品必须附上自己的号码标签，以示对菜品质量的担保和对顾客的负责。顾客也可根据对某位厨师的信任和喜好指定厨师为其制作。遇到对菜肴不满意时，可按编号投诉厨师，加强厨师与顾客间的沟通。

③定期评估厨师的工作业绩。厨师实行编号上岗，使每道菜肴都有了质量的保证。在此基础上，酒店定期评估厨师的工作实绩。评估的方法是：分析一定时期内（例如一周或一月之内），每位厨师的销售额、制作量、顾客的反应及点名制作的数量等等。

另外，餐厅服务人员也提供了考评的信息来源。从餐厅服务员那里了解顾客对每位厨师出品的菜肴的满意程度及意见等，不仅能增强厨师的责任感，也能使顾客产生亲近感，容易体会到做"上帝"的感觉。

对于工作实绩较差的厨师，酒店则及时予以培训、指导和提醒，并采取一定的经济制裁手段。必要时，管理者还会调动他们的工作，以确保厨房菜肴质量得到有效的控制。该酒店的品质管理措施出台后，收到了较为理想的效果。

点评：厨房管理者是厨房生产这个群体的领头羊，制定合理的质量管理措施是其厨房管理的核心工作。

全面的产品质量控制是一系列控制活动的组合，包括从菜谱的设计环节，到食品原料的采购、存储、生产，再到最后的出品检查环节等各个环节的质量控制活动。做好全面的

质量控制，要把握住产品生产的每一个环节。

6.3.1　原材料控制

产品原材料的质量直接影响了最终产品的质量，产品原材料质量的控制是产品质量控制的重要环节。

1）原材料质量的构成要素

（1）食用价值

原料的食用价值也就是原料本身的品质，如营养成分和价值的高低、口味好坏、质地优劣等。原料的食用价值一般由原料的品种、产地、收获季节以及动物性原料的年龄、性别等自然因素决定。掌握原料的性能、特点，有利于合理地选料。

（2）原料的成熟度

原料的成熟度与原料的培育、饲养或种植时间、上市季节有密切关系。原料的成熟度会影响食用价值，它可以通过色泽、形状和质地的软硬显示出来。

（3）原料的卫生

腐败变质、受污染或本身带有病菌或毒素的原料不符合卫生标准。在选购有些动物原料时要注意有无卫生防疫检验合格单，并且要从外观、形状和色泽上进行判断。

（4）原料的新鲜度

原料在流通、运输和储存过程中历经时间过长或保管不妥会降低新鲜度甚至变质。

2）原材料质量控制的要点

（1）生产地控制

如果餐饮门店产品原材料有固定的长期合作供应商，那么原材料质量控制可以延伸到种植地。从原料种植地开始便实施严格的监控管理，严格要求从采摘、切条、清洗，直到真空包装的每一步骤。制定种植地的环境标准，挑选符合最严格审核标准的种植地，在蔬菜种植过程中，严格执行良好田间管理和危机分析关键控制点系统的管理体系。在经过异物控制程序、蔬菜清洗消毒、严格的自审制度等步骤之后，产品才能切条进行真空包装。

（2）采购控制

对于在市场上零散采购的食品原料，要严格按照采购规格进行采购，确保购进的原料最大限度地发挥应有作用。没有制定采购规格标准的一般原料，也应以方便生产为前提，选购质量上乘的原料，不得乱购腐败、变质原料。

（3）验收控制

全面细致验收，保证进货质量。把不合格原料杜绝在餐饮门店之外，可以减少厨房加工生产的不少麻烦。验收各类原料，要严格依据采购规格书规定的标准进行验收；对没有制定规格书的采购原料或新上市的品种或质量把握不准的，要随时约请有关专业厨师进行认真检查，保证验收质量。

（4）储存控制

加强储存原料管理，防止因原料保管不当而降低其质量标准。严格区分原料性质，进行分类保藏。各类保藏库要及时检查清理，防止将不合格或变质原料发放给厨房加工生产部门。厨房已申领暂存的小库（周转库）原料，同样要加强检查整理，确保质量可靠和卫生安全。

（5）领货控制

发放原材料时，按照先进先出的原则进行发放；用料时，检查其有效期以及质量，质量不佳的食材拒绝使用。

6.3.2　生产过程控制

产品的生产过程包括产品的粗加工、切配以及制作过程。生产阶段各环节要严格按照规格要求进行操作，控制要求如下。

1）产品粗细加工控制

大多数原料必须经过清洗、切配才能用于制作。加工是产品制作的第一个环节，故首先要检查各类将要用作加工原料的品质。若原料不干净，粗加工不合格，肯定会影响产品的成品品质。

厨房应事先明确规定加工切割规格标准，并进行培训，督导执行。加工品质会影响产品的色、香、味、形，要严格控制原料的成形规格，不合规格的不能进入下道工序。

原料经过切割后，大部分动物、水产类原料还需要进行浆制（上浆），这道工序对菜肴的色泽、嫩度和口味产生较大影响，如果因人而异，制作岗位则无所适从，成品难免千差万别。因此，对各类产品的上浆用料应作出规定，以指导操作。

2）配份控制

产品原料配份是按照标准餐牌的规定要求，将制作产品需要的原料种类、数量、规格选配成标准的分量，为制作作好准备。配份过程的控制是保证成品品质的重要环节。如果各种原料搭配比例不当，则会对产品的口味产生极大的影响。此外，如果配份的数量不合理，有时多，有时少，顾客必然会产生疑惑或意见，因此配菜控制是保证品质的重要环节。

为了保证产品规格和风味，餐饮门店厨房应该制定完整的产品配制表格。配份人员要严格按产品配制规格表进行配制。随着产品的翻新和产品成本的变化，如有必要，厨房管理人员还应及时测试用料比例，调整用量，修订配菜规格，并督导执行。厨房管理人员要检查工作人员配菜中是否执行了规格标准，是否使用了称量、计数和计量等控制工具。

3）制作控制

制作过程是控制厨房成品的色泽、质地、口味、形态、品质好坏的关键环节，其品质控制尤其显得重要和困难。因此要对厨师的操作规程、制作数量、出品速度、成品温度、剩余产品五个要素加以控制。厨房管理人员要监督厨师严格地按照标准餐牌和程序进行操作，要制止那些因图方便而违规的做法。在开餐时要有专人对出品的速度、产品的温度、装盘规格保持经常的督导。

6.3.3　制作后放置控制

良好的产品要求凉的要凉，热的要热。产品及其外观的品质是脆弱的。大多数产品在刚制作完成时达到品质最高峰。如果制作后放置时间过长或放置条件不宜，品质会迅速下

降。如牛排、烤肉等产品刚制作完时外脆里嫩，服务员应尽量趁热送至顾客桌上。产品在制作后，有时由于人手关系，需要放置一段时间，有时为提高服务效率需要将某些产品预先制作好。成品在制作后的放置必须注意以下几点。

1）放置温度要合适

为保持产品的品质，产品制作后放置的温度要合适。有些产品的放置温度不宜太高，如烤牛肉、鸡蛋等放置温度高了，品质会下降。

2）放置的湿度要合适

产品制作后要保持新鲜漂亮的外表，应保持适当的湿度，以防止颜色消退，肉放置后若失去水分，其颜色会变暗，所以烧好的大块肉要盖好，现吃现切保持肉的新鲜色彩。蔬菜烧好后要放在潮湿的容器里，因为干燥后会失去新鲜自然的颜色。而有些产品，如炸鱼、炸土豆条等脆的产品，遇潮后品质会下降，可使用红外灯使它们干燥。同时产品的存放要选用合适的盛具。

3）尽量缩短放置时间

一般的产品要尽量缩短放置时间，杜绝一切不必要的停顿，以确保产品上桌后的温度，为此生产点和服务点要接近，通道要通畅，要培训员工采用最短的服务路线，不走来回路线，以提高服务效率。

6.3.4　出品控制

出品是对产品质量进行控制的最后一个环节，厨房要有专人对厨房生产的最终成品进行检查，确保质量。

1）备齐辅料

备餐间要为产品配齐相应的辅料（如炒、煎、烤等产品），如果疏忽，产品则淡而无味。有些产品不借助一定的器具用品，食用起来很不雅观或不方便。因此备餐间应对有关产品的酌调和用具的配备作出规定。

2）成菜出品检查

成菜出品检查是指产品送出厨房前必须经过厨师长或领班的检查。在出餐之前，厨师长或者领班要经常检查产品的质量，看其卫生、色度、分量等无误后再送至出餐口。对于质量不合格的产品，要及时返工或者重新做。成菜出品检查是对餐饮生产制作质量的把关验收，因此必须严格认真，不可马虎迁就。

3）服务销售检查

服务销售是指服务员对出品质量进行检查。服务员直接与顾客打交道，从销售的角度检查菜点质量，往往要求更高，尤其是对产品的色泽、装盘及外观等方面的质量检查。因此要注意调动和发挥服务人员的积极性，加强和利用检查功能，切实改进和完善出品质量。

服务员上菜服务要及时规范，主动报告菜名；对于食用方法独特的产品，应向顾客作适当介绍或揭示，以免顾客因食用方法不当而对产品的质量产生误解。

产品品质的控制要达到目的，关键是产品在各阶段制作过程中达到一定规格标准，同时在生产过程中，抓好生产制作检查、成品出品检查。

【课后练习】

1. 试分析菜品质量基本要素的重要性。
2. 菜品感官质量评定的核心内容有哪些?
3. 菜品出品质量的特性包括哪些?
4. 影响厨房生产质量的因素有哪些?
5. 怎样在菜点服务过程中做好质量控制?
6. 菜点质量控制的基本方法是什么?

单元7

厨房卫生管理

【知识目标】

1. 了解厨房卫生的重要性。
2. 掌握厨房卫生管理的方法。
3. 掌握食品生产中容易出现的不安全因素。
4. 明确厨房生产加工过程中的卫生要求。
5. 熟识食物中毒的种类并懂得如何去预防。

【能力目标】

1. 具备厨房管理人员基本的职业道德和职业守则。
2. 能运用厨房食品卫生管理的相关理论指导和组织厨房的生产与加工。

【素质目标】

培养学生养成良好卫生操作习惯和社会责任感，树立学生对厨房的卫生责任意识。

【单元导读】

餐饮业卫生与顾客的健康有着极为密切的关系，任何一家企业都应把卫生作为一项硬指标抓好。从厨房的环境卫生，到厨房的设施、设备卫生，以及厨师的个人卫生，都应该始终如一地保持清洁、无菌、无毒的良好状态。厨房生产与操作安全是厨房日常管理中一个特别需要关注的方面。厨房生产安全管理的目的，就是要消除不安全因素，消除事故的隐患，保障员工人身安全和企业安全，以及厨房财产不受损失。本单元将从厨房卫生和安全两方面入手，对卫生和安全管理进行全面的阐述。

任务1 厨房卫生的重要性

【引导案例】

"凉拌干丝"变质惹祸

××大型超市职工食物中毒的原因终于查明，放倒24人的祸首竟是凉拌干丝！为中毒者提供食物的×××大酒店被罚款16820元。

①凉拌干丝放倒24人。秦淮区卫生局和卫生监督所通报了6月7日××大型超市发生食物中毒事件的调查情况。6月7日，××大型超市职工中午在单位集中食用了由×××大酒店提供的卤牛肉盖浇凉面和凉拌干丝午餐后，24人陆续出现腹痛、腹泻、呕吐等症状，到金城医院就诊。经过调查分析，午餐中的凉拌干丝是食物中毒的"罪魁祸首"。专家说，干丝在煮熟后没有及时冷却，当前天气较热，容易滋生细菌，存放时间稍长再进行凉拌就会导致人体出现中毒症状。

②应急机制立即启动。南京市卫生监督所副所长说，根据国家颁布的《突发公共卫生事件应急条例》，食物中毒就是三类突发公共卫生事件中的一类。这起食物中毒事件发生后，南京卫生监督部门立即启动了应急机制。

6月8日下午4:30，秦淮区卫生监督所接到××区卫生监督所的通报，当即组织人员调查，并赶到×××大酒店突击检查。在该酒店厨房操作现场，监督人员发现生食加工间操作台上存放两盆生鱼头、三盆熟蛋饺和两盆熟凉面，还有两只苍蝇；熟食间内的熟牛肉、盐水鸭在购买时没有索取任何相关证明；两名操作工人没有健康证。秦淮区卫生监督所当即责令其停业整顿，并作出行政处罚的决定，没收其违法所得1164元，罚款人民币16820元。

点评：饮食卫生成为困扰餐饮业发展的瓶颈，已到了刻不容缓的地步，亟须广大同仁彻底改变传统旧习，从严要求，以营造一个卫生安全的崭新的餐饮世界。

厨房卫生及其卫生管理对客人、饭店和厨房生产人员都有着直接或间接的影响，其重要性集中表现在以下几方面。

7.1.1 卫生是保证客人消费安全的重要条件

客人到饭店用餐，饭店在提供物有所值的产品时，首先必须做到洁净、卫生。这既包

括烹饪原料、产品生产和销售经营环境的卫生，还包括就餐客人使用过程中以及使用后身心的健康。

7.1.2　卫生是创造餐饮声誉的基本前提

餐饮竞争的加剧表现为厨房生产、服务技术技巧、营销能力、产品新意和适应性、价格水平等方面的综合实力的竞争，而所有这些的根本是卫生。卫生是饭店投身市场竞争的基本前提，有了这方面的基本保障，才有更高层次的策划和更大程度的优势。缺少这方面的保障，或长期给客人以脏乱不堪的印象，或时常在卫生上犯规出错，或时有食物中毒事故发生，饭店将会被社会、同行认为连起码的竞争条件都不具备，企业的声誉必将江河日下，客人也将因此望而却步，其销售市场一段时间内必将萎缩甚至丧失殆尽。反之，饭店在当地卫生检查、评比中屡屡获奖，企业的卫生状况有口皆碑，饭店人气和效益肯定也会随之增长。

7.1.3　卫生决定餐饮企业的经营成败

厨房卫生影响着饭店的声誉，进而影响客人对饭店的选择。厨房卫生长期不达标，或出现食物中毒事故，政府有关部门将出于保护消费者利益的考量，要求甚至责令饭店停业整顿。

7.1.4　卫生构成员工的工作环境

厨房卫生既是对客人负责，同时也是关心、爱护员工，保护员工利益的具体体现。一方面，购买卫生合格的原料，在符合卫生条件的状态下进行加工、生产、服务销售，员工工作自然踏实，员工的身心健康会得到保障；另一方面，食物中毒等卫生事故一旦发生，饭店蒙受损失的同时，员工的名誉、利益也将因此而遭受影响。因此，在卫生工作方面高标准、严要求，在创造、保持员工良好工作环境的同时，也是在保障员工的切身利益。

任务2　厨房卫生规范

【引导案例】

麦当劳的日常清洁卫生与细节管理

1. 清洁从服务人员的双手开始

频繁地洗手消毒是清洁的基本出发点。

麦当劳规定：工作人员必须每小时至少彻底洗一次手、杀一次菌。麦当劳制定的规范洗手方法其中最重要的一个程序是：先用肥皂和刷子将指甲缝中的污垢彻底清除。

麦当劳还制定了规范的消毒方法：用水将手上的肥皂洗涤干净后，取一些麦当劳特制的清洁消毒剂，放在手心，双手揉擦20秒钟，然后用清水洗净。两手彻底清洗后，再用烘干机烘干双手，不能用毛巾擦干。

服务员必须经常互相提醒：

"你刚刚做了清洁打扫工作，手洗干净了吗？""你刚刚把炸薯条从地上捡起来，赶快去洗个手。""洗过抹布后，请记住洗手。""只要离开过厨房，回来一定要先洗手消毒。"

为保证服务人员的整洁，麦当劳对员工日常行为还规定：男士必须每天刮胡子，修指甲，随时保持口腔清洁，经常洗澡，不留长发；女士要戴发网，只能化淡妆。顾客一进入这样的就餐环境，也就习惯于自觉清除垃圾，同服务人员一起保持幽雅清洁的环境。

2. 养成随时清理的习惯

"与其背靠墙休息，不如起身打扫。"

在餐饮行业，每天都有某些时段餐厅内的客人会很少，员工几乎没什么事可做，大部分员工都坐下或靠着墙休息。

但麦当劳规定"与其背靠墙休息，不如起身打扫"，要求员工利用这段无事可做的时间，迅速清扫内部卫生，维持整洁、幽雅的环境，使顾客看得舒心，吃得开心。员工逐渐对这些规定认同，并养成良好的卫生习惯，手脚也特别勤快。只需几名服务员就可以使店面保持常新，做到窗明、地洁、桌净。

在麦当劳大堂区，顾客一般可以看到有六七个服务员，他们负责扫地、拖地、收拾餐盘和擦桌椅等工作，一刻也不闲着。桌椅、地面总是保持十分干净，玻璃门窗也每天按时清洁，让人心情愉快。

点评：对食品卫生的态度要认真、严谨、一丝不苟。

厨房卫生规范是指食品安全法，以及厨房食品卫生、厨房生产卫生、厨房设备卫生等相关环节的法规、制度及标准。

7.2.1 食品安全法

《中华人民共和国食品安全法》是保障人民身体健康的基本法。所有的食品生产经营企业、食品卫生监督管理部门和广大人民群众都应深刻认识，遵照执行。

《中华人民共和国食品安全法》由10章104条构成。第一章为总则，第十章为附则。新法规共有五大亮点：第一个亮点是建立了食品安全风险监测和评估制度，第二个亮点是统一了食品安全标准体系，第三个亮点是加强了对食品生产经营者的监管，第四个亮点是对食品安全监管体制进行了变革，第五个亮点是在食品生产小作坊监管上体现了实事求是的原则。

7.2.2 厨房食品卫生制度

厨房食品卫生既包括食品原料采购、验收、储存、领发等主要环节的卫生管理，还包括原料进入厨房以后，经过加工、洗涤、切配、烹制到菜肴成品以及销售给客人这期间的所有食品卫生问题。食品卫生制度主要强调食品在饭店生产、经营每一个环节的管理，以切实保证食品不受污染、卫生安全。

1）食品原料采购验收卫生管理制度

食品原料的采购和验收是食品卫生管理的首要环节，这个环节工作质量的高低，直接影响着厨房产品材料的卫生质量，也将影响食品加工全过程的卫生质量。因此，饭店必须认真抓好食品原材料采购验收的卫生管理，其管理要点有以下几项。

①采购人员首先要对原材料进行感官方面的鉴定，检查原料的色、香、味及外观状态，不购买腐败变质、生虫、霉变、污秽不洁、混有异物的食品原料。这就要求食品采购人员具有丰富的实践经验，掌握感官鉴定的基本原理和方法，把好原料采购卫生质量关。此外，采购人员要到正规供货场所购货。

②对每批采购原料尽可能索要卫生合格证，做到证货同行。国外进口食品原料必须经进口食品卫生监督部门检验合格，方可办理验货手续，确保卫生安全。

③运输食品原料的车辆必须有防尘、防晒、防蝇措施，保持清洁，生熟食品分开运输，易腐食品冷藏运输。

④购进鲜活原料，应尽量与专业厂家或专业供货商挂钩，实行定质、定时、定量供货，确保原料新鲜。采购、验收人员应讲究个人品德和职业道德，不徇私舞弊，以客人和餐饮企业利益为重，杜绝违规操作。

2）食品库区卫生管理制度

①建立仓库管理责任制和食品入库验收登记制度，由专人管理。登记内容包括品名、供应单位、数量、进货日期等。对入库食品进行感官检查，并查验合格证明，凡是腐败变质、生虫、发霉、与单据不符、未加盖卫生检疫合格章的肉类食品或其他卫生质量可疑的食品均不能入库。

②食品储藏要按种类分库、隔墙离地、分类定位、挂牌、上架存放。尤其要将生原料、半成品和熟食品分开，切忌混放和乱堆，以防交叉污染。

③库内必须设有防止老鼠、苍蝇、蟑螂等有害动物进入的设备和措施，门窗应装有纱窗、纱门，并保持干燥通风，以消除有害生物的滋生条件。但不可施用杀虫剂之类的化学药剂。

④每日应检查食品原料质量，油、盐、酱、醋等各种调料瓶、罐要加盖保存，定期擦洗。发现变质食品原料立即处理。

⑤领用食品原料应检查其是否过保质期，有无腐烂变质，有无霉变、虫蛀或被鼠咬，如果出现上述情况则应立即就地处理，不得加工食用。

3）冷库卫生管理制度

冷库卫生管理除按照一般食品库的管理要求外，还应注意抓好以下几点。

①专人负责，卫生管理责任明确。

②鲜货原料入库前，要进行认真检查，不新鲜或有异味的原料不能入库。食品原料要快速冷冻，缓慢解冻，以保持原料新鲜，防止营养物质流失。

③肉类、禽类、水产品、奶类应分别存放，防止交叉污染。

④冷库要保持清洁，无血水、无冰碴，定期清除冷冻管上的冰霜。

⑤各种食品原料应挂牌，标明进货日期，做到先进先出，缩短储存期。含脂肪较多的鱼、肉类原料容易因储藏期过长，油脂氧化产生哈喇味，所以更应注意储藏期。

4）主食品原料库卫生管理制度

①主食品原料必须保持低温、干燥、通风，以保持粮食干燥，防止霉变和虫蛀。环境湿度低于70%，温度保持在10℃左右。

②主食品原料按类别等级和入库时间的不同分区堆放，挂牌标示，不可混放。袋装米面必须挂起，离地面15～20厘米，距墙30厘米，堆距保持在50厘米，使之通风，防止霉变。

③主食品原料库内不能放带有气味或异味的物品，以免污染粮食。

④要有防止老鼠、蟑螂和苍蝇进入的措施，保持库内清洁卫生。

7.2.3　厨房生产卫生制度与标准

1）厨房卫生操作规范

制定厨房生产卫生制度与标准，并以此要求检查、督导员工执行，可以强化生产卫生管理的意识，起到防患于未然的效果。

2）厨房日常卫生制度

①厨房卫生工作实行分工包干负责制，负责到人，及时清理，保持应有的清洁度，定期检查，公布结果。

②厨房各区域按岗位分工，落实包干到人，各自负责自己职责范围内设备工具及环境的清洁工作，使之达到规定卫生标准。

③各岗位员工上班前，首先必须对所负责的卫生范围进行清洁、整理和检查。生产过程中保持卫生整洁，设备工具谁用谁清洁。

④厨师长随时检查各岗位包干区域的卫生状况，对未达标者限期改正，对屡教不改者进行相应处罚。

3）厨房计划卫生制度

①厨房对一些不易污染、不便清洁的区域或大型设备，实行定期清洁、定期检查的计划卫生制度。

②厨房炉灶用的铁锅及手勺、锅铲、笊篱等用具，每日上下班都要清洗。厨房炉头喷火嘴每半月拆洗一次。吸排油烟罩除每天清洗里面外，每周彻底将里外擦洗1次，并将过滤网刷洗1次。

③厨房冰库每周彻底清洁冲洗整理1次。干货库每周盘点、清洁整理1次。

④厨房屋顶天花板每月初清扫1次。

⑤每周指定一天为厨房卫生日，各岗位彻底打扫包干区及其他死角，并进行全面检查。

⑥各卫生清洁范围由所在区域工作人员及卫生包干区责任人负责。无责任人的公共区域由厨师长统筹安排清洁工作。

⑦每期清洁卫生结束之后，须经厨师长检查，其结果将与平时卫生成绩一起作为员工的奖惩依据之一。

4）厨房卫生标准

①食品生熟分开，切剖、装配生熟食品必须双刀、双砧板、双抹布，分开操作。

②厨房区域地面无积水、无油腻、无杂物，保持干燥。

③厨房屋顶天花板、墙壁无吊灰，无污斑。

④炉灶、冰箱、橱柜、货架、工作台，以及其他器械设备保持清洁明亮。

⑤切配、烹调用具随时保持干燥，砧板、木面工作台显现本色。

⑥厨房无苍蝇、蚂蚁、蟑螂、老鼠。

⑦每天至少煮1次抹布，并洗净晾干。炉灶、调料罐每天至少换洗1次。

⑧员工衣着必须挺括、整齐、无黑斑、无大块油渍，1周内工作衣、裤至少更换1次。

5）厨房卫生检查制度

①厨房员工必须保持个人卫生，衣着整洁，上班首先必须自我检查，领班对所属员工进行复查，凡不符合卫生要求者，应及时予以纠正。

②工作岗位、食品、用具、包干区及其他日常卫生，每天由上级进行逐级检查，发现问题及时改正。

③厨房死角及计划卫生，厨师长按计划日程组织进行检查，卫生未达标的项目，限期整改，并进行复查。

④每次检查都应有记录，结果予以公布，成绩与员工奖惩挂钩。

⑤厨房员工应积极配合，定期进行体检，被检查为不适合从事厨房工作者，应调离厨房工作。

厨房生产卫生具体到每个工种、岗位，其卫生要求和工作侧重点都是有区别的。

（1）冷菜间卫生制度

①冷菜间的生产、成品保藏必须做到专人、专室、专工具、专消毒、单独冷藏。

②操作人员严格执行洗手消毒规定，洗涤后用75%的酒精棉球消毒。操作中接触生原料后，切制冷荤熟食、凉菜前必须再次消毒。使用卫生间后必须洗手消毒。

③冷菜装盘出品，员工必须戴口罩操作，不得在凉菜间内吸烟、吐痰。

④冷荤制作、储藏都要严格做到生熟分开，生熟工具（刀、墩、盆、秤、冰箱）严禁混用，避免交叉污染。

⑤冷荤专用刀、砧板、抹布每日用后要洗净，次日用前消毒，砧板定时消毒。

⑥盛装冷荤、熟肉、凉菜的盆、盛器必须专用，每次使用前刷净、消毒。

⑦生吃食品（蔬菜、水果）等，必须洗净后，方可放入熟食冰箱。

⑧冷菜间生产操作前必须开启紫外线消毒灯消毒杀菌15～20分钟。

⑨冷菜熟食必须按需制作，确保质量和卫生；冷荤熟肉在低温处存放超过24小时必须回锅加热。

⑩每天熟食留样保留24小时。

冰箱由专人管理，保持清洁，放入冰箱内的食品须加盖或用保鲜膜包好，并定时对冰箱进行洗刷消毒。

食品橱柜无浮尘、鼠迹，不得存放私人物品和其他与冷菜制作无关的物品。

非冷菜间工作人员不得进入冷菜厨房。

（2）点心厨房卫生制度

①工作前需先消毒工作台和工具，工作后将各种用具洗净消毒。

②严格检查所用原料，严格过筛、挑选，不用不合标准的原料。

③蒸箱、烤箱、蒸锅、和面机等用前要洗净，用后及时洗擦干净，用布盖好，并定时拆洗。

④盛米饭、点心等食品的笼屉、箩筐、食品盖布，使用后要用热碱水洗净。盖布、纱布要标明专用，里外面分开。

⑤面杖、馅挑、刀具、模具、容器等用后洗净，定时存放，保持清洁。

⑥面点、糕点、米饭等熟食品须凉透后定位存放，保持清洁。

⑦制作蛋制品的鸡蛋，必须清洁新鲜，变质、散黄的蛋不得使用。

⑧使用食品添加剂，必须符合国家标准，不得超标准使用。

7.2.4　厨房设备卫生管理制度

厨房设备卫生实行责任到人、分工负责、随用随清、定期强化的管理制度。具体设备卫生管理规定有以下几项。

①厨房所有设备以附近岗位为主归属管理，明确责任岗位人员，负责看管、督促设备使用人员随时做好卫生工作。

②厨房所有设备，不管哪个岗位的人员使用，使用完毕，当事人应随手清洁设备，并组装完整，经设备卫生责任人检查认可方可离去。设备清洁工作未经设备卫生责任人检查或已检查但未被认可，设备使用人必须及时进行返工，由厨房管理者负责督导完成。

③厨房员工必须主动接受设备正确操作、使用及清洁维护的培训指导，管理者根据其相关工作表现进行考核。

④厨房管理人员定期组织进行（也可与厨房相关工作结合进行）厨房设备卫生状况检查，检查结果与设备责任人经济利益挂钩。

⑤厨房原设备责任人工作变动，设备应明确新的设备责任人。原设备责任人必须接受设备卫生检查，卫生合格方可办理工作变动手续。

厨房设备卫生可以根据饭店厨房规模、设备数量、运行状况，采取列表的方式进行检查。

任务3　厨房卫生管理

【引导案例】

麦当劳的厨房日常清理

厨房里的工作人员也要有随时进行清理的理念。

煎炉前的工作人员每次将肉饼放在炉台上后，应顺手将塑料套丢入垃圾箱。每煎完一批肉饼，工作人员都不忘记将炉边清洗一遍，抹去附在锯口上的碎肉屑，清洗飞溅到四周的肉汁，还要把附近的地板至少每小时擦拭一次。

负责面包的工作人员一打开塑料包，将面包送入烤箱后，应顺手将空塑料包丢入垃圾箱，然后拿一把小扫帚将台面上的面包屑扫干净，最后才打开烤箱的定时器。当他把烤好的面包交给调理台，并将下一批面包放入烤箱后，必须进行又一次清扫。这次扫去面包屑以后，应用清洁杀菌剂浸泡过的抹布将台面仔细地擦洗一遍。麦当劳每个岗位上的工作人员就是这样养成了随手清洁的习惯。随手清洁已经成为每个工作人员的下意识行为。除了随时清洁和每小时检查一次的制度外，每星期要进行一次例行的卫生检查并记入维护日志。到了节假日，经理还要派工作人员到餐厅附近去检查，维护餐厅附近地区的环境清洁。餐厅的每一个用具、位置和角落都体现出麦当劳对卫生清洁的重视。正因为这样，麦当劳才为顾客提供了一个干净、舒适、愉快的用餐环境。

厨房卫生管理是从厨房生产所需原料采购开始，经过加工生产直到服务销售为止，包括全过程的卫生操作、检查、督导与完善的系列管理工作。

7.3.1　原料采购、加工阶段的卫生管理

原料的卫生决定和影响着产品的卫生。因此，从原料的采购进货开始，就要严格控制其卫生质量。首先，必须从遵守卫生法规的合法商业渠道和部门购货，严格禁止进货有毒的动植物；其次，要加强原料验收的卫生检查，对购进的有破损或伤残的原料更要加强对各项卫生指标的检验。原料的储存要仔细区分性质和进货日期，严格分类存放，并坚持先进先用的原则，保证储存的质量和卫生。厨房在正式领用原料时，要认真加以鉴别。罐头原料如果罐头已隆起或罐身接缝处有凹痕则不能使用。罐头隆起、罐身接缝处的凹痕说明罐头密封不严，易受细菌污染，细菌会产生气体，导致罐体膨胀。如果罐头食品有异味或里面的食品似乎有泡沫或液体混浊不清，就不应使用。肉类原料有异味，或表面黏滑，也不宜使用。任何原料出现发霉、混浊、有异味，都不可再用。果蔬类原料如已腐烂不得使用。对感官判断有怀疑的原料，应送卫生防疫部门鉴定，再确定是否取用。

7.3.2　菜点生产阶段的卫生管理

生产阶段是厨房卫生工作的重点和难点所在。生产阶段不仅涉及的环节较多，而且设备卫生管理的工作量也很大，因此，厨房生产过程和生产设备的卫生均不可忽视。

1）生产过程的卫生控制

厨房生产过程从原料领用开始。对冻结原料的解冻，一是要用正确的方法；二是要尽量缩短解冻时间；三是要避免解冻中受到污染。烹调解冻是一种既方便又安全的方法。罐头的取用，开启时首先应清洁表面，再用专用开启刀打开，切忌使用其他工具，避免金属或玻璃碎屑掉入原料中。同时破碎的罐头不能取用。对蛋、贝类原料在去壳时，不能使表面的污物沾染内容物。容易腐坏的原料，要尽量缩短加工时间，批量加工应逐步分批从冷藏库中取出，以免最后加工的原料在自然环境中因久置而降低质量，加工后的成品应及时冷藏。

菜点配制须用专用的盛器，切忌用餐具作为生料配菜盘。尽量缩短配份后的原料闲置时间。配份后不能及时烹调的原料要立即冷藏，需要时再取出，切不可将制作后的半成品放置在厨房的高温环境中。对原料进行烹调加热是决定食品卫生的重要工序，要充分杀灭细菌。原料是热的良导体，杀菌要考虑原料内部达到的安全温度。成品盛装时餐具洁净，切忌使用工作抹布擦抹。冷菜的卫生尤为重要，因为对冷菜的装配都是在成品的基础上进行的。冷菜装配时需要注意以下几点：首先，布局、设备、用具方面应同生菜制作分开；其次，切配成品应使用专用的刀、砧板、抹布，切忌生熟交叉使用，这些用具要定期进行消毒；最后，操作时要尽量简化手法。如果冷菜装盘后不能立即上桌，应用保鲜膜密封，并进行冷藏。生产中剩余产品应及时收藏，并尽早用完。同样，水果盘的制作和销售与冷

菜相似，在特别重视水果自身卫生的同时，要严格注意切制装盘与出品食用时间，同时还要注意传送途中在保证造型的前提下不受污染。

2）生产设备的卫生管理

厨房生产设备主要有加热设备、制冷设备以及加工切割设备等。对各类设备进行清洗、消毒和各种卫生管理，不仅可以保持整洁、便于操作，而且可以延长设备使用寿命，减少维修费用和能源消耗，保证食品的卫生和安全。

①油炸锅。油炸锅所用的油应每天过滤，除去油中的食品渣子，这样能延缓油的分解。油锅在不用的时候应盖严。油锅外部应每天擦拭，每周至少把锅里的油倒空并清洗一次锅。如果厨房制作的油炸食品很多，就必须每天清洗。炸制用油不可反复使用。

②烤盘。首先，每次烤完后应用一把金属刮刀把烤盘上的食物残渣刮净。其次，用含盐的混合油剂擦洗烤盘受热的表面，使烤焦而粘在盘底的残渣软化，再用热合成洗涤剂清洗。洗净后，把烤盘表面漂净、擦干。最后，用油剂擦拭盘面，以保护烤盘。

③烤箱。烤箱包括利用热风、微波和煤气的烤箱。所有撒落下来的食品渣子都应在炉子凉后扫掉。在炉膛内的，可以用一个小刷子清扫，然后用浸透了合成洗涤剂溶液的布擦洗。千万不能把水直接泼在开关板上，因为水会使热的烤箱变形。不能用含碱的液体洗刷内膜和外部，以免损害镀膜和烤漆。烤箱的喷嘴应每月清洁一次，控制开关也应定期校正。鼓风式烤箱的风扇应每月拆开清洗一次。微波炉的内部一般只需用合成洗涤剂溶液擦洗。

④炉灶。炉灶是最常用的厨具，所有溢出、溅出在灶台上的东西都应立即清除。灶面和灶台应每天清扫。每月应将煤气喷嘴用铁丝通1次，将油垢清除掉。

⑤蒸箱、蒸锅。每次用后都应保持清洁，将剩余残渣擦去。如果有食品渣子糊在笼屉里面，应先用水浸泡，然后用软刷子刷洗。筛网（箅子）也应每天清洗。有泄水阀的应打开清洗。

⑥冰箱及其他制冷设备。制冷设备的种类很多，有可以容人进出的大冰库，有可容手推车推入的冰柜，有两边开门、可以推着走的移动式冰箱，有带玻璃门可以展示柜内陈列食品的冷藏柜，还有厨房内用以储存当日所用原料的抽屉式冷藏柜。

冰箱的保洁工作比较容易，每天用含合成洗涤剂的温水擦拭外部，再用清水漂净并用干净布擦干。清洗冰箱时，忌用有摩擦作用的去污粉或碱性肥皂。蒸发器、冷凝器应每月检查一次，看是否需要维修。

冰库地面应每天用抹布拖擦。冰库每月至少除霜1次，在除霜期间挪走的食品和原料，不能使其解冻，应转移到另一个冰库内储存。若使用带轮可移动货架，运送起来就更为方便。

制冰机虽可结冰，但不宜作为储存食物的设备。制冰机也应每天擦拭。每个月对制冰机进行1次彻底清洗，清洗时把制冷机里的冰全部倒掉。

⑦搅拌机。每次用完搅拌机之后，应用合成洗涤剂的热水溶液将其擦洗干净，再用清水擦干。搅拌机可在原处清洗。上润滑油的可拆卸部件要每月清洗上油1次。

⑧开罐器。开罐器必须每天清洗，把刀片上遗留的食品和原料清除干净。刀叶变钝后，罐头上的金属碎屑容易掉到食物内，应加以注意。

7.3.3 菜点销售服务的卫生管理

菜点在由服务人员送到客人的餐桌及分菜的过程中，都必须重视食品卫生问题。不论菜点是由服务员将其传至餐桌，还是陈列于自助餐台由客人取用，都应注意以下几点。

①菜点在供应前和供应过程中应用菜盖遮挡，以防受灰尘、苍蝇和人打喷嚏、咳嗽的飞沫污染。

②凉菜、冷食在供应前仍应放在冰箱内。要控制冷菜的上菜时间，尤其是大型宴会活动的冷菜。

③菜点不要过早装入盘中，要在成熟后和客人需要时装盘。

④使用适当的用具。食物供应时必须使用刀、叉、勺、筷、夹子等用具，不可用手接触食物。

⑤用过的食物不能再食用，客人吃剩的食物绝不能再加工烹制。

⑥分菜工具要清洁。每次使用的分菜工具一定要确保清洁，不同口味、色泽的菜肴，其分菜工具要调换。

⑦养成个人卫生习惯。用"厨房卫生操作规范"规范服务人员，如不能用手掩住脸咳嗽、打喷嚏，在工作时间不能用手做吸烟、抓头、摸脸等动作。

任务4　食物中毒与预防

【引导案例】

5月18日及19日，有近300名旅客坐火车前往南部。途中，他们因食物中毒，至少有68人被送去医院。火车曾经中途停车在一间餐馆买盒式午餐。经过调查，该食物中毒极有可能是由餐盒中火腿里的细菌引起的。

调查显示，在5月15日，盒餐出售前3天，50块火腿送到餐馆后被存放在一个运转不正常的冻房内。次日，即5月16日，火腿被去骨、烹煮及切片，接着又被冷却，但其温度没有被测量，一直冷却至5月18日上午，与其他食物一起被放进午餐盒内。餐盒封盖后被运到铁路车站。餐盒在没有冷藏3小时后即分发给乘客吃。

所有感觉不适的乘客均吃了餐盒内的火腿、焗豆、薯仔色拉、餐包、咖啡或茶。经过对乘客所吃的火腿样本进行化验后证实，火腿内有足够数量的有害细菌引起中毒。同时对一个厨房操作人员的指甲进行化验，发现其中的细菌跟火腿中的细菌一样。

点评：这次食物中毒其实是可以预防的，在这个案例中，中毒的其中一个原因是食品加工人员切火腿之前没有洗手；另一个原因是没有充分冷冻火腿。火腿是引致细菌快速增长的食品，应该要放在冻房冷冻。由于切片火腿没有进行适当的冷冻，细菌都在不停地生长。

食物中毒是饭店经营管理中最不愿发生的事件之一。厨房卫生管理的首要任务是防止和避免食物中毒事件的发生。因此，分析食物中毒产生的渠道和原因，并采取切实有效的措施加以预防和避免，是厨房卫生管理的重中之重。

7.4.1 食物中毒及其特征

凡是由于经口进食正常数量"可食状态"的含有致病菌、生物性或化学性毒物及动植物天然毒素的食物而引起的，以急性感染或中毒为主要临床特征的疾病可统称为食物中毒。食物中毒一般具有流行病学和临床特征：潜伏期短，来势急剧，短时间内可能有多人同时发病；所有病人都有类似的临床表现；病人在近期内都食用过同样食物，发病范围局限在食用该种有毒食物的人群；一旦停止食用这种食物，发病立即停止；人与人之间不直接传染；发病曲线呈现突然上升又迅速下降的趋势，一般无传染病流行时的余波。

7.4.2 食物中毒原因分析

据国内外食物中毒事件的资料分析表明，食物中毒以微生物造成的最多，发生原因多是对食物处理不当，发生的场所大部分是卫生条件较差、生产上没有良好卫生规范的饭店，发生时间大部分在夏秋季节。因此，预防食物中毒的重点是清楚其原因和渠道。

1）食物受细菌污染，细菌产生的毒素致病

这种类型的食物中毒是由于细菌在食物中繁殖，并产生有毒的排泄物。致病的原因不是细菌本身，而是排泄物毒素。这种毒素通常又不能通过味觉、嗅觉或色泽鉴别出来，因此，采取尝味道鉴别食物有没有变质的办法是不可取也无济于事的，厨房员工对此必须有清楚的认识。因为食物中细菌产生毒素后，该食物就完全失去了营养和安全性，即使烹调加热杀死了细菌，也并不能破坏毒素而使其失去活性，毒素仍然存在于食物中。

2）食物受细菌污染，食物中的细菌致病

这种类型的食物中毒，是由于细菌在食物上大量繁殖而引起的。当顾客食用含有对人体有害细菌的食物时就会引起中毒。

3）有毒化学物质污染食物，并达到能引起中毒的剂量

化学性食物中毒包括有毒的金属、非金属、有机物、无机物、农药和其他有毒化学物质引起的食物中毒。此类中毒偶然性较大，中毒食品无特异性。引起中毒的化学毒物多是剧毒，在体内溶解度大，易被消化道吸收。化学性食物中毒的特点是发病快，一般潜伏期很短，多在数分钟至数小时内发病，患者中毒程度严重，病程比一般细菌毒素中毒时间长。

4）食物本身含有毒素

这种类型的食物中毒主要是误食或食用加工不当而未除去有毒成分的动植物引起的。有些是有条件的有毒动植物，如未煮熟的扁豆、发芽的马铃薯、不新鲜的青皮鱼等。有些则是有毒动植物，如毒蕈、河豚等。这种中毒季节性、地区性比较明显，偶然性较大，发病率较高，潜伏期较短，死亡率视有毒动植物的种类不同而异。

7.4.3 食物中毒的种类与预防

防止食物中毒的重点是针对各种可能发生食物中毒的环节，采取严格有效的措施积极预防。

1）细菌性食物中毒的预防

细菌性食物中毒直接可行的预防方法有以下几种。

①严格选择原料，并在低温下运输、储存。

②烹调中高温杀灭细菌。

③创造卫生环境，防止病菌污染食品。

2）化学性食物中毒的预防

①从可靠的供应单位采购原料。

②化学物品要远离食品及原料，安全存放，并由专人保管。

③不使用含有有毒物质的加工、生产器具、盛器、包装材料，如铜、锌、镉、锡、铝等器具。酸性液体食品或腐蚀性食品如果选用金属盛器，其盛器的金属成分易溶入食品中，产生安全隐患。塑料包装材料应选用聚乙烯、聚丙烯等材料的制品。

④厨房要谨慎使用化学杀虫剂，并由专人负责。

⑤厨房清洁工作中，化学清洁剂的使用必须远离食品。

⑥各种水果、蔬菜要洗涤干净，以进一步消除杀虫剂残留。

⑦食品添加剂的使用应严格执行国家规定的品种、用量和使用范围。

3）有毒食物中毒的预防

①很多菌类含有毒素，厨房只可使用已证明无毒的菌类，不得使用有毒菌类。

②白果的食用要加热成熟，少食，切不可生食。

③马铃薯发芽和发青部位有龙葵素毒素，加工时应去除干净，并用清水浸泡。

④苦杏仁、黑斑甘薯、鲜黄花菜、未腌透的腌菜不能食用。

⑤烹调秋扁豆、四季豆时不可贪生求脆，要彻底加热，未熟不宜生食。

⑥死甲鱼、死黄鳝、死贝类不能食用。

⑦河豚有剧毒，未经有关部门批准，不能选用。

⑧含氢氰酸量高的鱼类不新鲜时不得选用。

⑨未经检疫的肉类，不得加工食用。

4）食物中毒事件的处理

如有客人身体不适，怀疑是食用餐饮产品而引起的情况发生时，管理人员和员工应沉着冷静，忙而不乱，尽快搞清楚是否是食物中毒，并缩小事态，及时加以处理。对此类疑似食物中毒的情况，其基本处理步骤如下。

①记下客人的姓名、地址和电话号码（家庭和工作单位）。

②询问具体的征兆和症状。

③弄清楚吃过的食物和就餐方式、食用日期、食用时间、发病时间、病痛持续时间、用过的药物、过敏史、病前的医疗情况或免疫接种等，并留下食物样品。

④病情严重者立刻送医院救治，并记下看病医生的姓名和医院的名称、地址、电话号码。

⑤给本饭店医生（如果有的话）打电话进行处置。

⑥立即通知由餐饮部门经理、厨师长等人员组成的事故处理小组，对整个生产过程进行重新检查。

⑦向本饭店医生递交所调查的信息，以便让医生了解情况。如果医生诊断是食物中

毒，要立即报告卫生主管部门。

⑧查明同样的食物供应了多少份，收集样品，送交化验室化验分析。

⑨查明这些可疑的餐食菜点是由哪些职工制作的。对所有与制作过程有关的人员进行体检，查找有无急性患病或近期生病以及疾病带菌者。

⑩分析并记录整个菜点制作过程的情况，明确在哪些地方，食物如何受到污染；哪些地方存在细菌，有在食物中繁殖的机会（时间和温度等因素）。

⑪从厨房设备上取一些标本送化验室化验。

⑫分析并记录最近一段时间餐饮生产和销售中的卫生检查结果。

【课后练习】

一、判断题

1. 厨房卫生只包括烹饪原料、产品生产和销售经营环境的卫生。　　　（　　）

2. 厨房的平面布局要符合从原料到成品的流水作业线，以免发生交叉污染。形成三个通道和三个出入口，即原料通道及入口、成品通道及出口、使用后的餐具饮具回收通道及入口。　　　（　　）

3. 食品加工和制作，要牢记食品卫生准则，切实注意安全。　　　（　　）

4. 各种形状的刀具要分别清洗。将各种形状的锋利刀具集中摆放在专用的盆内，并将其分别用烧碱洗涤，切勿将刀具或其他锋利工具沉浸在放满水的清洗池内。　　　（　　）

二、思考题

1. 菜品卫生的薄弱环节主要是哪些方面？

2. 食品生产过程中容易出现哪些不安全因素？

3. 厨房生产加工过程中有哪些卫生要求？

4. 怎样养成个人良好的卫生习惯？

5. 食物中毒有哪些种类？如何预防食物中毒事件的发生？

单元8

厨房安全管理

【知识目标】

1. 了解厨房安全的重要性。
2. 熟悉厨师日常安全习惯，包括货物搬运、常规用电、设备工具等。
3. 了解厨房火灾发生的主要原因。
4. 掌握厨房防火制度以及燃气防火制度。

【能力目标】

1. 具备厨房管理人员基本的职业道德和职业守则。
2. 能够运用相关安全知识解决厨房着火问题，掌握厨房安全管理技能。

【素质目标】

培养学生安全意识和社会责任感，树立学生对厨房的安全责任意识。

【单元导读】

安全问题，历来是厨师长最为关心的头等大事。一旦出现刀伤、烫伤或设备带来的事故，都会给厨师长增加无形的压力。在保质保量做好经营的情况下，丝毫不能怠慢的是安全问题，大脑中的这根弦始终不能松懈。

没有管理经验的人，常常忽略工作间发生事故的真正成本。就小的割伤、跌伤而言，除了个人的痛苦外，还会损伤有经验的员工，延误工作并产生医疗费用，而且如果事故发生频率较高，会降低员工的工作积极性。

任务1　厨房安全的意义

【引导案例】

辽宁省朝阳市××酒店（总部）26日晚发生重大火灾　目前已造成11人死亡、16人受伤。

辽宁省朝阳市2006年"5·26"火灾的6名责任人已被警方控制。其中3人被刑事拘留。朝阳市公安局副局长向新华社记者介绍，26日19时40分，××酒店（总部）凉菜部一厨师（男，27岁）为准备次日宴会菜肴，擅自使用一个没启用的柴油灶，在操作过程中严重违规，导致火灾发生。该厨师涉嫌过失失火罪，已被警方刑事拘留。酒店经理×××、厨师长×××负有领导责任，也被刑事拘留。

点评：企业和工作人员的安全防范意识淡薄是危害事件发生的根源。

厨房安全是指厨房生产所使用的原料及生产成品、加工生产方法、人员设备及其制作过程的安全。

8.1.1　安全是有序生产的前提

厨房生产需要安全的工作环境。厨房里有多种加热源和锋利的器具，构成众多的不安全因素和隐患，要使厨房员工放手、放心工作，厨房在设计时就要充分考虑安全因素，如地面的选材、烟罩的防火、蒸汽的方便控制和及时抽排。同样，平时的厨房管理、员工劳动保护都应以安全为基本前提。否则，厨房事故突发、设备时好时坏、员工担惊受怕，厨房正常的工作秩序、厨房良好的出品质量都将成为空话。

8.1.2　安全是实现企业效益的保证

饭店效益是建立在厨房良好、有序的生产基础之上的。倘若厨房安全管理不力，事故频频发生，媒体反面宣传不断，客人不敢光顾，饭店生意自然清淡。除此之外，饭店内部屡屡发生刀伤、跌伤、烫伤等事故，员工的医疗费用增大，病假、缺工现象增加，在企业运营费用增大的同时，厨房的生产效率和工作质量更没有保障，企业效益必然受损。一旦有火灾事故发生，企业社会名誉和经济损失更是不可估量。相反，厨房安全条件优越，安

全管理有效，员工工作热情高涨，事故发生率极小，不仅可以有效节省企业运营费用，而且也为提高劳动效率、提高出品质量创造了条件。

8.1.3　安全是保护员工利益的根本

员工是企业最基本的生产力，厨师是饭店餐饮部门最有活力、最有开发价值的生产要素。因此，关心厨房员工，发现并认可厨房员工的劳动，改善厨房员工工作环境和条件是所有餐饮企业应做好的工作。厨房安全是这几个方面的基础。

安全没有着落，厨房漏气、厨房设备陈旧破烂、厨房器具"带病"使用、厨师操作站立不稳（地面用材不当）、厨房员工操作互相碰撞，会使厨房员工觉得安全没有保障，生产必定受到影响。反之，厨房安全系数高，员工工作心情舒畅，员工利益得到切实保障，员工的向心力无疑会随之增强，工作积极性自然会随之高涨。

任务2　厨房安全管理规范

【引导案例】

城西的欣欣饭店近期生意兴隆。一日，由于顾客突然增多，需要多备原料，厨师长让厨师小李去库房取货，小李急忙拉起货车，直奔库房。由于要取的货比较多，为了提高效率，小李想一次就把货物全部取回去，就装了满满一车货物，货物甚至高过了自己的身高。在推车回到厨房的过程中，小李一路小跑，当车推至拐角处时，不小心撞上了案台的腿，导致货物散落一地，把厨房通道堵住了。这时正是厨房最忙的时候，大家都忙得不可开交。这下通过此处的人还得绕道，小李本想提高自己的工作效率，却反而给大家造成极大不便。

点评：工作人员手推车的使用不正确会导致砸伤、轧伤等安全事故，厨师生产安全习惯养成非常重要。

厨房安全管理规范是为厨房连续不断、计划有序地开展生产运转工作，饭店在执行预防为主的原则的前提下，制定的系统全面、切实可行的管理制度、操作规范和各项安全生产要求。

8.2.1　厨房安全操作规程

1）厨房员工安全操作规程

①员工上岗应按要求身着饭店工作服及工作鞋。

②厨房员工穿着制服、戴帽子、穿平底鞋、系围裙，衣袖要扎好，胸前口袋中不得放火柴、打火机、香烟等物。

③员工当班时，应保证精力集中，不应在厨房内跑动、打闹。

④厨房的设备应由主管人员定期检查，以防意外事故发生。

⑤厨师使用厨房设备须严格遵守正常的操作规程，新员工须由主管人员对其进行设备

使用方面的培训。

⑥油炸锅在使用过程中应保证人员不离岗。

⑦当油、水、食物泼到地面上时，要立即清除。

⑧碗、盘、玻璃器皿打碎时，不得用手捡拾，要用扫帚清理。

⑨擦拭锅、炉灶时要先确定已经不会烫手，然后才用手碰触。

⑩衣物、桌布等易燃物不得在火炉上烘烤。

⑪搬运食物特别是热汤汁时不要一人操作，以免扭伤或烫伤。

⑫刀具和锋利的器具落地前不要用手接拿。

⑬保证刀具锋利，不锋利的刀具最易伤人。

⑭厨房管理员不得随意处理突发的断电事故。

⑮工作时应注意保持地面清洁，以免滑倒受伤。

⑯工程人员断电挂牌操作时，切忌合闸。

⑰每天打烊后，值班者应最后离开，在离开前，要切实检查炉灶是否还有余火，燃气开关的把手是否在关闭的垂直位置。逐一检查电气用具插头是否拔下，最后关门离去。

⑱值班人员在逐项检查后，必须填写安全检查表并签名，亲自送至规定的地方。

2）煤气炉具安全操作规程

①煤气炉具应设计在通风良好的厨房中使用，须远离易燃物品，并要求布局在不易燃烧的物体上，如水泥板、石板、铁板。

②使用煤气前，应检查所有煤气开关是否处于关闭状态。点火时，要做到火等气，先开煤气总闸，再划火柴或凑近火眼，最后开灶具的开关点燃灶具。千万不要先开灶具上的开关，后划火柴点火，以免煤气放出与空气混合，再遇火种，这种情况下极容易发生爆炸。

③调节风门阀对火焰进行调节，使火焰呈蓝色。如果火焰发红冒烟，则说明风量小，应调大风门，如果发生回火，则应关闭灶具开关，调小风门再点火。点火后再调节风门，使燃烧火焰正常。如果发现火离焰，则说明进风量大，应调小风门。

④经常保持灶具的清洁，尤其要保持火眼通畅。灶具点燃后由专人看管，防止火焰被溢出的汤水浇熄或被风吹灭使燃气大量泄漏，造成事故。

3）液化气（管道煤气）安全使用规程

①液化气罐必须直立放置，且应放置在不易被撞倒的地方。

②液化气罐须远离火源，避免日光直射，置于通风良好的位置，环境温度保持在35 ℃以下。

③液化气罐若须放在木箱内，箱底必须有一定空间，以维持通风，液化气罐腰部要有锁链固定，防止振动或意外碰撞。

④液化气罐周围不能放置易燃品，如汽油、酒精、抹布、纸张等。

⑤装卸液化气罐时，须确定附近无火源、引火物以及易燃物品。

⑥在室内使用时，液化气燃具周围必须有一定的空间，燃具周围30厘米、上方1米须留出空间，以防引发火灾。

⑦液化气输气管必须为金属管，不能使用塑料软管代替，装置在室内时，应距电源线30厘米以上。

⑧输气管衔接处的螺纹至少有5圈，并应结合紧密，不漏气。

⑨使用液化气前，要注意以下事项。

A.注意闻是否有液化气臭味，以确定是否有液化气泄漏。

B.火炉附近是否有可燃物质。

C.打开或关闭液化气开关时需缓慢旋转。

D.在打开液化气开关总闸之前，先查看出气开关（或炉灶开关）是否已关闭，出气闸门应紧闭。

⑩点火时的注意事项。

A.先慢慢地旋开炉灶出气开关，使用点火器点火。

B.如使用火柴点火，应先将火柴靠近炉灶出气嘴，再慢慢旋开开关。

⑪点火后的注意事项。

A.燃烧中的火焰要调整到完全燃烧的状态，即呈蓝色火焰，没有完全燃烧时火焰为红色。

B.火焰是否完全燃烧依赖于空气孔或燃具旋塞的调整，使用时应调整至完全燃烧的状态；如果没有完全燃烧，一氧化碳等有毒气体的扩散会造成严重后果。

C.注意不要让火焰被风吹熄。

⑫使用后的注意事项。

A.要先关闭总阀或液化气罐开关，再关闭炉灶的开关。

B.若液化气的停用时间较长，其总开关的把手要上锁，液化气罐开关需拧紧。

C.液化气用完后，液化气罐开关也需拧紧。

⑬液化气漏气的处理。

A.关紧液化气罐开关。

B.熄灭附近一切火焰，切断电源。

C.将门窗打开，使室内空气流通良好。

D.将液化气罐迅速移至室外空旷的地方。

8.2.2　仓库安全管理规定

1）器皿安全管理规定

①穿平底胶鞋，不得佩戴松弛的饰物。

②工作时戴手套保护双手。

③搬运盘碟时，一定要用推车。

④清理盘碟时，应留意有无损坏，将破损的盘碟随时挑出来放在一边，不得再用。

⑤搬运太重的物件或大的垃圾桶时，要找人帮忙，不要勉强用力。

⑥如果操作时受伤，必须进行医治处理。

⑦如果怀疑器皿有可能遭到盗窃，必须立即报告上级并维护现场。

2）单人搬运安全管理规定

①过重的物体不要单独搬运，建议最大的安全重量为男性20千克，女性10千克，若超过此重量，则应两人搬运，以免伤害身体。

②推举重物应弯膝，运用腿部力量，不要运用腹部力量或背部力量，否则容易引起背部酸痛或拉伤。

③推举重物应先吸一口气，一直维持到重物放下才呼出。深吸气可以拉紧肌肉，避免拉伤。

④切忌扭转腰背，反方向拿重物、搬运物品，以免扭伤。

⑤搬运物体时应注意四周，背后是最容易发生事故的方向，不可边搬运物体边向后退。

⑥搬运长条物体时应保持前面高、后面低，尤其在转角处或前面有障碍物时，应特别注意。

⑦推滚圆形物体时应站在物体后面，并注意前面是否有人，双手不要放在圆形物体的边缘，碰撞时容易伤手。

⑧超过人体高度的物料，即使不重，也不要一个人搬运，防止受伤。

3）手推车安全管理规定

①尽量把重的东西放在推车的下面，重心越低越稳。

②推二轮车时，尽可能把物体放在车的前端，重量由车轴负担，推车人员保持车子平衡并推动车子前进。

③推车前进经过转角处时，不要站在后方推，应改为在旁边拉，这样可以看到另一方向的来人或是来车，以免被撞倒。

④推车进出电梯时，若负载物太重，应找人帮忙。

⑤堆放在推车上的物体高度以不妨碍视线为标准，要把物品安放妥当，以免脱落。

⑥在推车上堆放椅子时，一次以8张为限。

⑦不要拉着推车后退。

⑧注意随时控制推车的速度，不要推着车跑，速度不要太快。

⑨特种用途的推车，除指定用途外，不作别的用途。

⑩手推车如滑轮有损坏，或者有台面倾斜、把手脱落等任何问题，应立即停止使用，报请修理。

4）工作梯使用安全管理规定

①梯子不能架设在摇动的地砖或不坚实的地面上，而应有平坦和稳固的立足点。

②架设梯子应稳固，上下要有4个支点，力求稳妥。上端宜固定，如果不能固定，下端的两脚要扎牢。如果不能扎牢，就得有人在一旁协助，防止滑动。

③上下梯子时，两手两脚不能同时放在同一横栏上，身体重心应维持在中间。

④切忌在上下梯子时手中拿有任何物件。

⑤不得使用横栏有短缺的梯子，任何有缺陷的梯子都不可使用。

⑥梯子应保持完整无损，管理人员要经常查看。

⑦梯子的两脚（下面的两个支点）宜装置防止滑动的垫子，以减少滑动的危险。

⑧架设梯子自上支点垂直地面至梯脚的水平距离应为梯长的1/4。如梯长4米，则斜靠的地面水平距离应在1米以内。

⑨绝不容许两人同在一架梯子上。

⑩梯子绝对不许架设在门口，以防门口有人出入推翻梯子。除非将门锁上，或有专人看守。

⑪梯子不使用时要立即收妥，无人看管时不得竖立，以免倒下伤人，或将人绊倒。

8.2.3　防火管理规范

1）厨房防火管理规范

①厨房各种电气设备的安装、使用必须符合防火安全要求，严禁超负荷使用，绝缘要良好，接点要牢固，并有合格的保险设备。

②必须制定厨房各种机电设备的安全操作规程，并严格遵照执行。

③厨房在炼油、炸食品和烤食品时，必须设专人负责看管。炼、炸、烘、烤时，油锅、烤箱温度不得过高，油锅不得过满，严防油溢出着火引起火灾。

④厨房的各种煤气炉灶、烤箱使用时必须按操作规程操作，不得违反，更不得用纸张等易燃品点火。

⑤不得往炉灶的火眼内倒置各种杂质、废物，以防堵塞火眼，发生事故。

⑥各种灭火器材、消防设施不得擅自动用。

⑦会使用各种灭火器材、火灾报警器，能熟练地掌握其性能、作用和使用方法。

⑧熟悉所在部门灭火器材和手按报警器的位置，了解最近的消防疏散门。

⑨一旦发生火情，迅速打电话通知总机或饭店消防中心。

2）厨房液化气防火管理规范

①液化气灶操作人员必须经过专门学习，掌握安全操作液化气灶的基本知识。

②员工进入厨房应首先检查灶具是否有漏气情况，如发现漏气，不准开启电气开关（包括电灯）。

③员工进入厨房前应打开防爆排风扇，以便清除沉积于室内的液化气。

④操作前应检查灶具的完好情况。

⑤点火时，必须执行"火等气"的原则，即点燃火柴，再打开点火棒供气开关，点燃点火棒后，将点火棒靠近灶具燃烧器，最后打开燃烧器供气开关，点燃燃烧器。

⑥各种液化气灶具开关必须用手开闭，不准用其他器皿敲击开闭。

⑦灶具每次使用完毕，要立即将供气开关关闭。每餐结束后，值班人员要认真检查每个供气开关是否关闭好。每天夜餐结束后，要先关闭厨房总供气阀门，再关闭各灶具阀门，然后通知供气室关闭气源总阀门。

⑧发现问题应立即关闭总阀门，并及时撤离，报告领导和安全部门。

⑨经常做好灶具的清洁保养工作，以确保液化气灶具的安全使用。

⑩无关人员不得动用液化气灶具。

⑪坚守工作岗位，起油锅时绝对不准离人，要正确掌握油温，思想集中，防止油溢出或过热引起火灾。

⑫一旦发生火灾事故，应立即关闭液化气总阀，关闭电源，一面报警，一面动用灭火器材扑救。

任务3 厨房事故发生与预防

【引导案例】

江南某市步行街口，一家刚开业不久的自助餐厅内宾客盈门。厨房内，厨师们正在各自岗位上紧张忙碌地烹制菜肴。突然，油锅起火，当值厨师迅速接了盆水泼了过去，然而火苗上蹿，并迅速引燃了灶台。厨师长急忙带领员工积极开始自救，有的用湿毛巾、衣服扑打，有的用干粉灭火器扑救。灶台的火势得到了控制，但是，火苗蹿入油烟管道，借着风势，火势越来越旺，火烟倒灌进入餐厅。情急之下，餐厅经理一边带领员工疏散客人，一边拨打了119。在消防救援人员奋战半小时后，大火被彻底扑灭。经检查，厨师长双手烧伤、脸部烧伤，烟道烧毁，虽没有造成人员严重伤亡和财物重大损失，但负面影响极大，餐厅也因此被勒令停业整顿。

点评：要严格要求员工按操作规范使用厨房设备设施，同时加强对员工的消防知识培训和消防技能的训练，强化防范意识。

厨房事故是厨房安全管理中应尽力杜绝和防范的。厨房事故是指厨房加工、生产、运输，以及日常运转过程中出现的烫伤、扭伤、跌伤、割伤、火灾等妨碍厨房生产和餐饮经营正常、有序进行的情况。由于种种原因，厨房从生产到销售，其间不安全因素时常存在。因此，管理者要正视厨房工作的特点，采取行之有效的方法强化制度管理，加强员工培训，提高安全防范意识，预防事故发生，减少事故损失。

8.3.1 烫伤的预防

厨房加热源无论是煤气、液化气、煤，还是柴油、蒸汽等，给厨房员工造成的灼伤事故都占厨房事故的很大比例。一旦灼伤，轻则影响操作，重则需要送医院治疗，伤者更是疼痛难忍。预防灼伤的措施包括以下几点。

1）遵守操作程序

使用任何烹调设备或点燃煤气设施时必须按照产品的说明进行操作。

2）通道上不得存放炊具

凡有把手的桶、壶及其他炊具，不得放置在繁忙拥挤的走廊通道上。

3）容器注料要适量

不要将罐、锅、水壶装得太满，避免食物煮沸过头，溢出锅外。

4）搅拌食物要小心

搅动食物通常使用长柄勺，便于保持与食物的距离。

5）预先准备

从炉灶或烘箱上取下热锅前，必须事先准备好移放的位置。如果事先有了准备，提锅的时间就能缩短。提既烫又重的容器时，应果断迅速，并由同事协助操作。

6）使用合格、牢靠的锅具

不要使用把手松动、容易折断的锅，以免引起锅身倾斜、原料滑出锅或把手断裂。

7）冷却厨房设备

在准备清洗厨房设备时要先进行冷却。

8）懂得如何灭火

如果食物着火了，要先将盐或小苏打撒在火上，不得用水浇灭。厨房工作人员必须学会使用灭火器和其他安全装置。

9）使用火柴要谨慎

将用过的火柴放入罐头盒内或玻璃容器内。

10）安全使用大油锅

如准备将大油锅里的热油进行过滤或更换，必须注意安全，一定要随手带抹布。

11）禁止嬉闹

不允许在操作间奔跑，更不得拿热的炊具在手里开玩笑。食品服务人员应该接受训练，学会正规地倒咖啡和其他热饮料。

12）张贴"告诫"标志

在潮滑或容易发生烫伤事故的地方，需张贴"告诫"标志，以告诫员工注意。

13）定期清洗厨房设备

防止炉灶表面和通风管盖处积藏油污。

8.3.2　扭伤、跌伤的预防

厨房员工在搬运重大物品，或登高取物，或清理卫生死角，或走动遇路滑时，容易造成扭伤或跌伤。

扭伤的预防要注意以下几点。

①举东西前，先要抓紧。

②举东西时，背部要挺直，只能弯曲膝盖。

③举重物时要腿用力，而不能背用力。

④举东西时要缓缓举起，使举的东西紧靠身体，不要骤然猛举。

⑤举东西时，如有必要，可以挪动脚步，但千万不要扭转身体。

⑥举过重的东西时必须请人帮忙，绝不要勉强或逞能。

⑦当东西的质量超过20千克时，受伤的可能性随之增加，在举之前应多加小心。

⑧尽可能借助起重或搬运工具。

大多数跌伤是由于在地面滑倒或绊倒造成的，极少数是从高处摔下导致的。为了预防摔倒、跌倒事故，下述几方面必须引起特别注意。

①清洁地面，始终保持地面的清洁和干燥。有溢出物必须立即擦掉。

②清除地面上的障碍物，随时清除丢在地面上的盘子、抹布、拖把等杂物，一旦发现地砖松动或翻起，立即重新调整调换。

③小心使用梯子。从高处搬取物品时需使用结实的梯子，并请同事扶牢。

④开门关门要小心。进出门不得跑步，经过旋转门时更要留心。

⑤穿鞋要合脚，厨房员工应穿低跟鞋，并注意防滑，最好是鞋底不滑的合脚鞋，不穿薄底、已磨损、高跟的鞋以及拖鞋、网球鞋或凉鞋，要穿脚跟和脚趾不外露的鞋，鞋带要

系紧。

⑥清扫积雪和冰，入口处和走道不得留存积雪和冰。

⑦为避免滑倒，应使用防滑地板蜡。

⑧张贴安全告示，必要时张贴"小心"或"地面湿滑"等告示。

⑨楼梯的踏板如破裂或磨损需及时更换。

⑩保证楼梯井或其他不经常使用地区的光亮度。

8.3.3 割伤的预防

割伤是厨房加工、切配及冷菜间菜点厨房员工经常遇到的伤害。预防割伤的措施有下列几点。

1）锋利的工具应妥善保存

当刀具、锯子或其他锋利器具不使用时，应随手放在餐具架上或专用的抽屉内。

2）按安全操作规程使用刀具

将需切割的物品放在桌上或切割板上，刀在往下切时须抓紧所切物品，注意在切薄片时小心手指。用刀切食物时必须将手指弯曲抓住原料，使刀刃落在原料块上。刀具大小要合适，并清楚刀刃的锋利度。此外，手柄已松动的刀具必须修理或报废。

3）保持刀刃的锋利

钝的刀刃比锋利的刀刃更易引发事故。刀刃越钝，员工使的力就越大，食品一旦滑动，就会发生事故。

4）各种形状的刀具要分别清洗

将各种形状的锋利刀具集中摆放在专用的盆中并将其分别洗涤，切勿将刀具或其他锋利工具浸在放满水的洗池内。

5）禁止用刀嬉闹

不得拿刀或其他锋利工具打闹，一旦发现刀具从高处掉下不要用手去接。

6）集中注意力

使用刀具或其他锋利工具要谨慎。

7）不得将刀具放在工作台边上

刀具应放在台子中间，以免掉到地上或砸到脚上。

8）厨房内尽量少用玻璃餐具

如果玻璃餐具破碎，要尽快处理碎玻璃。可用扫帚和簸箕清扫干净，不要用手捡。如果玻璃碎在洗涤池内，可先将池水放掉，然后用湿布将碎玻璃捡起，再将碎玻璃倒入单独的废物箱内。

9）利用安全装置

厨房设备需安装必备的防护装置或其他安全设施。

10）谨慎使用食品研磨机

使用绞肉机时必须使用专门的填料器。

11）清洗设备时切断电源

清洗设备前须将电源切断（拔去插头）。

12）谨慎清洁刀口

擦刀具时将抹布折叠到一定厚度，从刀口中间部分向外侧擦，动作要慢，要小心。

13）使用合适的刀具

不得用刀代替其他用具旋凿或开罐头，也不得用刀撬纸板盒或纸板箱。必须使用合适的开启容器工具。

8.3.4 伤口的紧急处理

厨房工作人员一旦受伤，要视伤口大小、伤势轻重及时采取措施。有些只要进行简单处理即可奏效。因此，注意以下几点，对伤口的及时、有效处理是十分必要的。

①割伤、损伤和擦伤须马上清洁伤口，用肥皂和温水清洁伤口处皮肤，用无菌棉垫或干净的纱布覆盖伤口进行止血，轻轻更换无菌棉垫、干净纱布和绷带。如果伤口在手部，须将手抬高过胸口。

②不得用嘴接触伤口，不得在伤口处吹气，不得用手指、手帕或其他污物接触伤口，不得在伤口上涂防腐剂。

③出现下列情况要立即送医务室或医院处理。

A. 大出血（属于紧急情况）。

B. 出血持续4～10分钟。

C. 伤口有杂物又不易清洗掉。

D. 伤口是很深的裂口。

E. 伤口很长或很宽，需要缝合。

F. 筋或腱被切断（特别是手伤）。

G. 伤口是在脸部或其他引人注目的部位。

H. 伤口部位不能彻底清洗。

I. 伤口接触的是不干净的物质。

J. 观察感染的程度（疼痛或伤口红肿增大）。

④撞伤部位用冰袋或冷敷布在受伤处压25分钟，如果皮肤上有破损，创口需进一步按割伤处理。

⑤水疱可用软性肥皂和水清洗，保持干净，防止发炎。如水疱已破，应按开放性伤口处理，如受感染应就医。

8.3.5 电气设备事故的预防

电气设备造成的事故也是生产中常见的问题。因此，预防电气设备事故是十分重要的。

①员工必须熟悉设备，学会正确拆卸、组装和使用各种电气设备的方法。

②采取预防性保养，定期由专职电工检测各种电气设备的线路和开关。

③所有的电气设备都必须有安全的接地线。

④操作电气设备时，必须严格按照厂家的规定，遵守操作规程。

⑤湿手或站在湿地上，切勿接触金属插座和电气设备。

⑥已磨损露出电线芯的电线包线切勿继续使用，要使用防油防水的包线。

⑦清洗任何电气设备前都必须拔去电源插头。

⑧未经许可，不得任意加粗熔丝，电路不得超负荷。

8.3.6 火灾的预防与灭火

厨房还有一类常见的事故就是火灾，可采取以下几种防火措施：

1）拥有足够的灭火设备

厨房每位员工都必须知道灭火器的安放位置和使用方法。

2）安装失火检测装置

使用经许可和可经常测试的失火检测装置，这些设备用于防烟、防火焰和防发热。

3）考虑使用自动喷水灭火系统

该系统是自动控制火灾的极为有效的设施。安装在通风过滤器下的特效灭火装置也是很有效的，厨房可不用再安装其他设备（化学干粉、二氧化碳或特殊化学溶液）。饭店安全部门应统筹安排、设计、安装灭火系统，并进行保养和管理。

厨房发生的火灾通常有以下三种类型。

①由普通的易燃材料（木材、纸张、塑料等）引起的火灾。

②由易燃物质（汽油、油脂等）引起的火灾。

③由电器引起的火灾。

小型火灾通常可用手提式灭火器扑灭。灭火器必须安放在接近火源的地方，并经常进行检查和保养。此外，对员工进行消防训练也是极为重要的，应使其学会如何正确使用灭火装置。灭火设备有多种，通常使用的是干化学药品多用灭火器，此设备可用于上述三种火灾。手提式灭火器一般都很容易操作，但不能忽视对员工的训练，使之掌握特殊灭火装置的特性。通常，灭火器使用前必须将一只安全销拔去，使用多用化学灭火器时必须将化学灭火材料覆盖住所有燃烧区域，以防死灰复燃。

【 课后练习 】

一、判断题

1. 厨房卫生只包括烹饪原料、产品生产和销售经营环境的卫生。　　　　（　　）

2. 冰冻贮存是指贮存温度在0 ℃以下，冰冻库内贮存原料。一般贮存长期存放的禽畜类、水产类产品、速冻食品等。　　　　（　　）

3. 一些质地僵硬的原料要加碱水涨发，如鱿鱼，一般用7%的碱水，涨发好的原料必须用冷水反复漂洗，以除去碱味。　　　　（　　）

4. 搅拌食物要小心。搅动食物通常使用短柄勺，保持与食物的距离。　　　　（　　）

二、思考题

1. 厨房安全的意义有哪些？

2. 如何杜绝厨房生产中的常见事故？

3. 了解厨房生产中容易出现的安全事故并进行原因分析，且提出预防措施。

REFERENCES

参考文献

[1] 戴桂宝. 厨政管理[M]. 2版. 北京：中国旅游出版社，2018.

[2] 邵万宽. 现代厨房生产与管理[M]. 2版. 南京：东南大学出版社，2014.

[3] 陈玉伟. 厨房综合管理[M]. 北京：中国物资出版社，2011.

[4] 马开良. 现代厨房管理[M]. 2版. 北京：旅游教育出版社，2018.

[5] 洪晓勇. 基础厨房[M]. 北京：北京师范大学出版社，2012.

[6] 向跃进，张春. 餐厨管理[M]. 2版. 重庆：重庆大学出版社，2021.

[7] 王美. 厨房管理实务[M]. 北京：清华大学出版社，2009.

[8] 赵子余. 厨房管理知识[M]. 4版. 北京：中国劳动社会保障出版社，2015.

[9] 张涛. 现代厨房管理[M]. 北京：中国轻工业出版社，2013.

[10] 崔震昆. 厨房设计与管理[M]. 上海：上海交通大学出版社，2012.